中国环境"邻避"问题研究
——概念、特征与对策

任 勇　刘海东　赵 芳　王亚男　等 编著

中国环境出版集团·北京

图书在版编目（CIP）数据

中国环境"邻避"问题研究：概念、特征与对策 / 任勇
等编著. —北京：中国环境出版集团，2023.11
ISBN 978-7-5111-5721-8

Ⅰ. ①中⋯　Ⅱ. ①任⋯　Ⅲ. ①环境综合整治—研究—
中国　Ⅳ. ①X321.2

中国国家版本馆 CIP 数据核字（2023）第 243251 号

出 版 人　武德凯
责任编辑　孟亚莉
封面设计　彭　杉

出版发行　中国环境出版集团
　　　　　（100062　北京市东城区广渠门内大街 16 号）
　　　　　网　　　址：http://www.cesp.com.cn
　　　　　电子邮箱：bjgl@cesp.com.cn
　　　　　联系电话：010-67112765（编辑管理部）
　　　　　发行热线：010-67125803，010-67113405（传真）
印　　刷　北京鑫益晖印刷有限公司
经　　销　各地新华书店
版　　次　2023 年 11 月第 1 版
印　　次　2023 年 11 月第 1 次印刷
开　　本　787×1092　1/16
印　　张　10
字　　数　200 千字
定　　价　50.00 元

本书编写成员

主　　编　任　勇

副　主　编　刘海东　赵　芳　王亚男

编著组成员　李　琳　张维俊　杨　静　黄　迪　赵　婧
　　　　　　侯冠羽　周　岩　韩志军　雷思雨　戎彦宇
　　　　　　杨书慧　贾凤超　赵计伟　刘会东

编写分工　第1章　　刘海东　赵　芳
　　　　　　第2章　　杨　静　刘会东
　　　　　　第3章　　张维俊　刘海东
　　　　　　第4章　　赵　婧　周　岩
　　　　　　第5章　　侯冠羽　赵计伟
　　　　　　第6章　　戎彦宇　贾凤超
　　　　　　第7章　　黄　迪　刘海东
　　　　　　第8章　　黄　迪　王亚男
　　　　　　第9章　　周　岩　杨书慧
　　　　　　第10章　　李　琳　韩志军
　　　　　　第11章　　张维俊　韩志军
　　　　　　第12章　　李　琳　雷思雨
　　　　　　第13章　　李　琳　刘海东
　　　　　　第14章　　杨　静　雷思雨

前　言

环境"邻避"问题在我国萌发于 20 世纪 90 年代，进入 21 世纪后一度愈演愈烈，尤其是在涉及国计民生的生活垃圾处理处置等公共基础设施，以及核电、石化化工（含 PX）等重大工业项目建设领域，"邻避"事件呈高发态势，不仅给经济社会正常秩序造成不良影响，也给地方政府公信力和治理能力带来严峻挑战，引起了党中央、国务院的高度重视和社会各界的广泛关注。有关专家、学者认为我国进入了"邻避"时代。

环境"邻避"问题可以说是我国经济社会快速发展、深度转型过程中的客观现象，具有一定的环境经济理论合理性。西方工业化国家从 20 世纪 60 年代开始就经历了环境"邻避"问题多发的时期。欧洲各国是最早迈入工业化、城镇化的地区，很早便在铁路、高速公路建设过程中出现了环境"邻避"问题的萌芽。美国的环境"邻避"问题主要缘起于 20 世纪 80 年代种族主义引发的"环境正义"问题。近邻日本因公害事件接连发生，20 世纪六七十年代拉开了环境运动的序幕，出现了环境"邻避"抗争。我国环境"邻避"问题的出现虽较为滞后，但与西方国家相比有相似之处，其发展和演变与城镇化、工业化进程、环境治理水平、公众环境意识有着密切联系。

进入新发展阶段，具有"邻避"效应的重大项目和基础设施建设仍然是我国城镇化发展的"刚需"和重要支撑，环境"邻避"问题必将是当前及今后一定时期内城镇化进程中面临的常态。党的二十大报告明确指出我国发展进入战略机遇和风险挑战并存、不确定难预料因素增多的时期，必须坚定不移贯彻总体国家安全观。2018 年，习近平总书记在全国生态环境保护大会上指出，生态环境安全是国家安全的重要组成部分，是经济社会持续健康发展的重要保障。要把生态环境风险纳入常态化管理，系统构建全过程、多层级生态环境风险防范体系，严密防控垃圾焚烧、对二甲苯（PX）等重点领域生态环境风险，推进"邻避"问题防范化解，破解涉环保项目"邻避"问题，着力提升突发环境事件应急处置能力。5 年后，习近平总书记在 2023 年的全国生态环境保护大会上再次强调，要守牢美丽中国建设安全底线，积极有效应对各种风险挑战。"邻避"问题深刻反映了我国环境与社会关系仍处于较敏感时期，与对环境与经济问题的研究状况和认识水平相比，我们对环境与社会发展规律的认识还不充分，相关理论、政策和能力准备不足，环境"邻避"问题形势比较严峻。

　　国内不少专家、学者针对环境"邻避"问题进行了研究，总体上看有三个方面特点：一是研究内容上主要围绕"邻避"问题内涵及其衍生现象，"邻避"问题产生根源与背景，"邻避"问题治理方法与对策等；二是研究角度上不断拓宽，包括环境正义、法律理性、风险感知和公民参与等众多角度；三是研究热度上呈现热点驱动特征，"邻避"事件高峰阶段相关研究数量剧增，但随着"邻避"事件减少，相关研究数量也明显回落。同时，我们也看到，现有大部分研究成果，或以理论探讨为主，或侧重于某一方面的分析，或基于单个事件或案例信息的剖析总结，较少有系统全面的、宏观区域尺度的分析和结论，而且研究热度有起落，这样可能难以为政府治理、环境管理提供全面的、持续的参考和借鉴。

　　从 2016 年开始，本书作者作为政府部门防范和化解环境"邻避"风险的技术支撑团队，着手较系统研究环境"邻避"现象的理论和实践问题。本书试图以政府治理和环境管理的视角，用系统化的阐述方式，分析环境"邻避"问题的形势特点、理论内涵，基于 7 年的工作成果，较全面地总结防范化解"邻避"问题的国际与国内经验做法，探讨防范化解的相关对策，以期能为管理部门的环境"邻避"问题防范化解工作提供有益的借鉴。

　　全书共分为 4 篇，有 14 章内容。第 1 篇总论，从中国环境"邻避"问题的现状、发展态势、网络舆情特征等方面分析形势和防范化解对策体系。第 2 篇理论探讨，针对环境"邻避"问题的概念与内涵、发展历程、主要影响因素，解决环境"邻避"问题的基础等方面进行了理论分析。第 3 篇国际经验，调研总结了美国、欧洲、日本等"邻避"问题的起源及发展历程、典型案例做法及经验启示。第 4 篇专题分析，围绕环境"邻避"问题的系统应对，从环境社会治理、环评与稳评、信息公开、公众参与、网络舆情引导与应对、纠纷解决机制、生态补偿、生态设计等多个维度开展专题研究，分析现状情况和问题症结，形成对策建议。全书由刘海东、李琳、黄迪统稿。

　　本书得到了国家自然科学基金、生态环境部环境发展中心科技发展基金项目的支持，借鉴了国内外相关研究成果；编写过程中得到了生态环境部相关部门、中国环境科学学会环境社会治理专业委员会的大力支持和帮助。在此，向所有参与本书编写和专题研究的人员表示深深的感谢！

　　期望本书的出版，能为各地推进环境"邻避"问题防范与化解工作提供参考，有所裨益。由于编著者的水平有限，不妥之处在所难免，恳请各位专家同行和广大读者批评指正。

目　录

第1篇 总 论

环境 "邻避" (Not-In-My-Back-Yard) 问题是环境问题引发社会风险的典型表现, 具体是指因担心建设项目对身体健康、环境质量和房产价值等带来负面影响, 项目周边居民或项目所在地单位产生 "不要建在我家后院" 的心理和情绪, 以及采取线上线下的强烈、坚决的反对行为, 甚至表现为高度情绪化的集体抵制或大规模聚集抗争行为。

环境 "邻避" 问题是经济社会发展进程中的伴生问题。进入 21 世纪后, 我国也经历了 "邻避" 阵痛期, 数次因环境 "邻避" 问题爆发群体性事件, 对正常经济社会秩序造成冲击。这种政府—社会—企业的 "多输" 局面引起了各地的高度重视, 纷纷把防范与化解 "邻避" 问题提上管理决策的重要议事日程, 研究构建全链条、多环节的风险应对体系。总体来看, 在各地的共同努力下, "邻避" 事件 (因 "邻避" 问题引发的群体性事件) 频发、多发态势已得到初步遏制; 但着眼未来, 诱发环境 "邻避" 问题的风险隐患还将长期存在, 做好环境 "邻避" 问题防范与化解工作, 仍将是推进治理体系和治理能力现代化进程中的重要命题。

1 中国环境"邻避"问题的形势与防范化解对策

1.1 环境"邻避"问题的现状

伴随工业化、城市化进程以及经济社会转型的持续推进,环境"邻避"问题成为我国一定时期内应予以高度重视、持续应对的常态化问题。当前,我国环境"邻避"问题风险总体可控,但"邻避"事件仍时有发生,2003—2021 年,中国境内全网公开报道了300 余起环境"邻避"事件,其现状特征主要表现在以下方面。

1.1.1 "邻避"事件发生领域

"邻避"事件重点发生领域包括生活垃圾处理处置(含垃圾焚烧发电、填埋、转运等)、石化化工、输变电(含通信基站)、道路交通、涉核、危险废物处置以及其他类。由图 1-1 可知,生活垃圾处理处置是"邻避"问题相对多发、频发的重点领域,因生活垃圾处理处置项目选址建设引发的"邻避"事件数量占"邻避"事件总数的近 60%。此外,石化化工、输变电(含通信基站)、道路交通也是"邻避"事件易发、多发的领域,分别占"邻避"事件总数的 10.3%、10.3% 和 4.4%。近年来,生活垃圾焚烧发电、石化化工、核电等重大项目"邻避"风险态势逐步趋于平稳,但与之相对应,生活垃圾转运站、变电站、通信基站等群众身边的建设项目及基础设施项目"邻避"风险凸显。

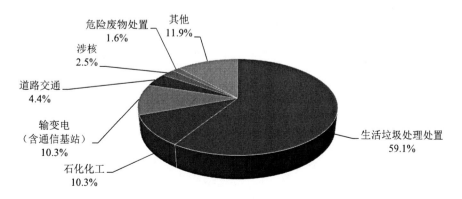

图 1-1 2003—2021 年各领域"邻避"事件发生数量占比情况

1.1.2   "邻避"事件发生区域

从发生区域上看，全国除宁夏、青海、西藏、新疆及新疆生产建设兵团等地区未见"邻避"事件报道外，其余 27 个省份（不含港澳台）均发生过不同规模程度的"邻避"事件。"邻避"事件发生区域及数量情况见图 1-2。近年来，事件发生地呈从广东、江苏、浙江等地区逐步向湖南、江西以及广西、重庆等地区扩展的态势。2020 年，湖北、河南、陕西等中西部地区"邻避"事件数量超过河北、广东等东部地区；同时，"邻避"事件也显现出从一、二线城市向三线及以下城市扩展的特征。这一结果与当前中西部地区垃圾焚烧发电行业布局以及内陆三线以下城市垃圾焚烧发电项目增量明显的局面相一致。

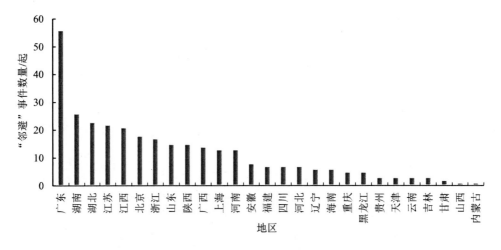

图 1-2   2003—2021 年"邻避"事件发生区域及数量情况

1.1.3   "邻避"事件发生阶段

不论是项目规划选址论证，还是环境影响评价（环评）、社会稳定风险评估（稳评）等前期程序，抑或是建设施工期，都有可能引发"邻避"事件，对建设项目和基础设施正常推进造成冲击。从"邻避"事件发生阶段来看（图 1-3），多数"邻避"事件发生在项目规划选址论证阶段，发生数量占比为 38.1%；其次是执行环评、稳评等前期程序和建设施工阶段，占比分别为 30.9%、30.9%。建设项目选址意见公示、环评报告或批复公示期易成为"邻避"事件集中爆发的窗口期。此外，建设施工过程不透明、不规范也可能引发公众反感，进而爆发"邻避"事件。

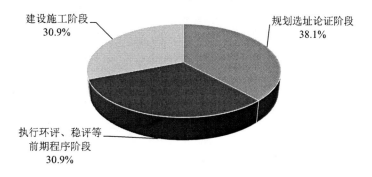

建设施工阶段
30.9%

规划选址论证阶段
38.1%

执行环评、稳评等
前期程序阶段
30.9%

图1-3 我国"邻避"事件发生的阶段性特征

1.1.4 "邻避"事件发展特点

　　"邻避"事件的发生发展具有复杂性、不确定性及反复性的特点。首先，环境"邻避"事件复杂敏感，常常一有项目"上马"，"小道消息"便不胫而走，容易引发项目所在地周围群众，甚至远在他乡工作的本地人的关注，滋生不满情绪。从近年发生的事件上看，亦不乏对属地政府、项目企业心存不满进行恶意捣乱的分子，利用长期存在的各类民企矛盾和环境污染事件传播负面信息，诱发民众情绪，进而引发"邻避"事件。其次，"邻避"事件常常集中爆发于政府公开项目"上马"、选址信息的数日内，但过了这一敏感阶段，"邻避"事件何时、何地爆发，往往很难把握。在下一次"邻避"冲突导火索来临之前，项目周边公众的不满情绪往往会累积较长一段时间，何时发生线下反对事件具有不确定性。部分"邻避"事件在政府部门毫无准备间突然发生，造成了应急处置的被动。最后，"邻避"事件发生后，政府部门为尽快平息事件，可能选择妥协，作出即日起暂停项目建设的承诺。公众及各利益相关方在得到政府承诺后，会迅速散去，转而对政府之后的决策部署采取观望态度。然而，在这种表面的事件平息背后，群众对于项目建设的认识并未得到彻底转变，一旦再次出现侵犯群众权益或诉求未能满足的决策，"邻避"事件很有可能再次发生。

1.1.5 "邻避"事件冲突的表现

　　政府部门、公众对于项目建设掌握信息的不对等而引发的价值冲突是建设项目"邻避"事件发生的主要原因之一。在网络信息高速传递、群体环境维权意识觉醒的时代背景下，这种冲突更为凸显并呈愈演愈烈之势。按照事件发生的前期、中期、后期，"邻避"事件的群体行为可以分为和平抗议、有限阻碍和暴力对抗三种表现形式。一般情况下，"邻避"事件冲突的开始阶段集中在项目周边的小范围、小群体，行为方式主要为温和的网络声讨，但行为者常常凝聚力更强、自身资源调动更便利、行动更果断，其号召和煽动性更强。随着事件关注度和影响力的扩大，群众信任逐步缺失，矛盾逐步激化，"邻避"事件冲突往往由线上的"文字"抗争发展为线下的实际阻碍等冲突行为，部分群众以集体上访、集体"散步"、集会静坐、游行示威，甚至打、砸、抢、烧等暴力对抗方式扰乱秩序、表达不满，给政府施压。

1.1.6 "邻避"事件应对处置

部分地区"邻避"事件防范意识仍然薄弱，在经济发展压力的影响下，对推进绿色发展出现摇摆，对生态环境环保的重视程度有所减弱，对可能带来的"邻避"事件风险淡漠，选址、稳评、舆论引导等风险防范工作"走过场""敷衍了事"。对于处理"邻避"事件这一综合性、系统性问题缺乏统筹考虑，部门间联动、衔接仍然不够顺畅，风险监测、分析、应对、事后处置等"邻避"事件风险防范化解的全链条管理还没有完全打通，信息闭塞的现象还不同程度存在，难以发现问题并及时响应。

此外，基层地区"邻避"事件风险应对能力仍然有较大短板。一些基层地区，特别是有建设项目但未发生过"邻避"事件的地方，政府预防和应对环境"邻避"事件重视程度不高、主动开展风险防范工作的意愿明显不足，一些激励政策配套和落实也不够，对问题的认识不深入，造成对"邻避"事件影响力的误判。一旦发生"邻避"事件，难以及时有力的应对。同时，由于基层往往缺少理论、人才和技术储备，面对环境"邻避"问题，往往习惯用老办法解决新问题，应对的针对性、有效性不足，可能触发公众情绪反弹。

1.2 环境"邻避"问题的发展态势

改革开放 40 多年来，我国经济社会发展取得长足进步，已打下了坚实的物质基础，具备了解决生态环境问题、防范社会风险的基本条件。进入新发展阶段，我国经济社会发展仍将以关乎国计民生的重大经济建设项目的布局建设为重要支撑，这些重大项目以及环境基础设施布局的建设"刚需"决定了"邻避"问题将长期持续存在的态势。同时，新媒体、自媒体时代网络信息、群体极化、流瀑效应凸显，社会公众对环境"邻避"问题的关注度或将不断上升，一方面有利于政府管理透明度的逐渐清晰，但另一方面也不可避免地带来网络谣言引发线下事件的风险隐患。

1.2.1 垃圾焚烧发电、石化、涉核等传统领域建设项目"邻避"风险态势趋于稳定，但风险隐患仍不容忽视

"邻避"问题是发展进程中的问题，发达国家和新兴工业化国家也曾经爆发过大规模

"邻避"事件。从国际经验来看,在工业化和城镇化的发展道路上,特别是在城镇化发展中后期,各种工业项目和城市设施建设引发的"邻避"事件会日渐增多。党的十八大以来,国家持续大幅增加环保投入,累计安排中央预算内投资超过 1 000 亿元人民币,支持环境基础设施建设。《中华人民共和国 2022 年国民经济和社会发展统计公报》显示,2022 年我国常住人口城镇化率已达 65.22%,上海、北京、天津城镇化率均超过了 80%。据中国社会科学院预测,2030 年我国城镇化率可能达到 68%,2050 年将超过 80%。这意味着,垃圾焚烧发电、石化、涉核等领域项目建设在今后相当长的一段时间内还将保持快速发展态势,处于"邻避"高风险时期,"邻避"风险防范工作不容忽视。

1.2.1.1 垃圾焚烧领域

与填埋处理相比,城镇生活垃圾焚烧处理具有占地小、处理时间短、减量化显著且垃圾焚烧的余热可用于发电等优点,在发达国家得到广泛应用。在我国,垃圾要达到无害化、减量化、资源化处理,焚烧发电是最有效的手段。我国东部沿海经济发达、土地资源紧张地区是垃圾焚烧发电的主要分布地,生活垃圾焚烧厂处理能力占全国 70%左右。近年来,随着我国城市化进程步伐的加快,城市人口日益增长,城市生活垃圾的产生量也在不断增加。根据国家统计局数据显示,2011—2020 年,我国生活垃圾焚烧无害化处理能力稳步提升,2020 年达 567 804 吨/日(图 1-4)。另据国务院关于研究处理固体废物污染环境防治法执法检查报告及审议意见情况的报告,2021 年全国 297 个地级及以上城市生活垃圾无害化处理量达到 51.4 万吨/日,基本实现无害化处理。其中,焚烧处理能力占总处理能力的 75.2%,生活垃圾回收利用率、资源化利用率进一步提升。

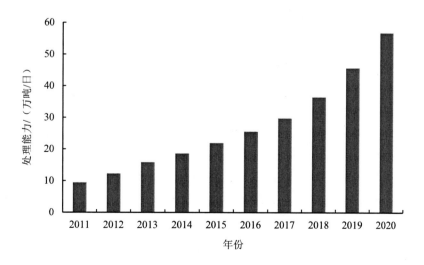

图 1-4 2011—2020 年生活垃圾焚烧无害化处理能力

2021 年 5 月，《国家发展改革委　住房城乡建设部关于印发〈"十四五"城镇生活垃圾分类和处理设施发展规划〉的通知》（发改环资〔2021〕642 号，本节简称规划）显示，到 2025 年年底，全国城市生活垃圾资源化利用率达到 60%左右，全国生活垃圾分类收运能力达到 70 万吨/日左右。在焚烧处理方面，提出了到 2025 年年底，全国城镇生活垃圾焚烧处理能力达到 80 万吨/日左右的具体目标，此目标较"十三五"期间相关规划目标的59.14 万吨/日提升了 35.27%。更高目标的制定，也为垃圾焚烧发电市场带来更大的发展空间。具体实施层面，规划要求持续推进焚烧处理能力建设，鼓励城市建成区生活垃圾日清运量超过 300 吨的地区加快建设焚烧处理设施，部分地区可适度超前建设与生活垃圾清运量相适应的焚烧处理设施。

另根据相关研究结果，"十四五"时期垃圾焚烧行业将迎来新一轮升级整合，垃圾焚烧市场增长将趋于平缓，高速增长期已接近尾声，大中型城市建成区焚烧能力已趋于饱和，市场将逐步向县镇下沉，一些体量更小的垃圾焚烧项目将以县镇为落脚点进一步布局建设。部分省（区、市）已发布的垃圾焚烧发电中长期规划印证了这一观点，不论是体量上还是数量上，我国垃圾焚烧发电设施项目快速布局"上马"的态势已接近尾声，垃圾焚烧厂存量将在"十四五"时期达到高峰。

县镇一级垃圾焚烧设施数量的增多，决定了垃圾焚烧发电行业"邻避"事件风险隐患仍然突出。一方面，运行年限较长的垃圾焚烧厂，因设备老化，技术落后，造成的环境影响久治难愈，给公众留下了不良印象，设施"污名化"仍未完全消除；另一方面，新建垃圾焚烧厂，也偶尔存在选址不公开、环评不规范、公众不知情、信息不透明等问题，成为"邻避"事件的由头。以往"邻避"事件统计结果表明，每年近一半的"邻避"事件由垃圾焚烧发电项目引发，垃圾焚烧发电仍是"邻避"事件风险防范的重点领域。

1.2.1.2　PX 项目领域

我国的"邻避"事件始于对 PX 项目的抵制，石化行业 PX 项目一直是引发"邻避"风险的"重灾区"，如 2007 年厦门 PX 项目事件、2013 年昆明 PX 项目事件、2014 年茂名 PX 项目事件等。"十三五"期间，我国石化行业坚持推进供给侧结构性改革，贯彻实施创新驱动战略，转型升级步伐加快，行业运行情况总体得到改善。为提升产能，一批新建石化项目陆续"上马"，与此同时，围绕新建石化项目，特别是 PX 项目的"邻避"事件风险应对机制也逐步建立起来。2018—2022 年年底，石化行业 PX 项目"邻避"事件风险相对趋于平稳，未再发生造成较大社会影响的"邻避"事件。

2021 年 1 月，《石油和化学工业"十四五"发展指南》（本节简称《指南》）正式印发，明确了"十四五"期间石化行业的发展方向。《指南》全面总结了"十三五"期间在行业技术创新、产业结构转型升级和体制机制市场化改革等各个方面取得的成就，并提出"十四五"期间，行业将以推动高质量发展为主题，以绿色、低碳、数字化转型为重点，以加快构建以国内大循环为主体、国内国际双循环相互促进的新发展格局为方向，以提高行业企业核心竞争力为目标，深入实施创新驱动发展战略、绿色可持续发展战略、数字化智能化转型发展战略、人才强企战略，加快建设现代化石油和化学工业体系，建设一批具有国际竞争力的企业集团和产业集群，打造一批具有国际影响力的知名品牌，推动我国由石化大国向石化强国迈进，部分行业率先进入强国行列。具体任务方面，《指南》明确了行业的七项主要任务：增强油气保障能力，加快产业结构调整，大力提升产业创新自主自强能力，深入实施绿色发展战略，提升数字化和智能化发展水平，培育具有国际竞争力的企业、企业集团和石化园区，构建国内循环为主、国内国际双循环相互促进的新格局。明确要求"有序推进新建石化项目建设，保持行业合理开工率，按照差异化、高端化的原则做好产业结构优化，防控新一轮石化项目投资高峰可能引发的同质化竞争和产能过剩风险"。

综合来看，"十四五"期间新一轮石化项目仍将有序推进，鉴于过往围绕 PX 项目曾发生重大"邻避"事件，石化项目"邻避"事件风险防范工作仍然不容忽视。同时，既有石化项目二甲苯、烯烃、煤制乙二醇项目产能过剩问题仍未得到根本解决，环境风险隐患突出，环境"邻避"问题风险也显著增加。此外，因个别项目出现停产、停工或出现债务纠纷、资金困难，个别人员利用环境问题采取非法手段煽动罢工、信访等群体性事件的可能性会有所增大。从过往经验来看，与垃圾焚烧发电等领域相比，石化行业"邻避"事件组织性更强、规模更大，造成的负面社会影响更加强烈，因此围绕石化项目开展"邻避"风险防范工作尤为重要。

1.2.1.3 涉核领域

自 2011 年日本福岛核事故以来，世界范围内核能产业发展遭遇"逆风"。福岛核事故前，日本近 30%的电力供应源于核电。事故后，日本核反应堆停工，能否重启难以预期；法国作为欧洲核电比重最高的国家，逐渐削减核能在本国能源体系中的比重；德国退核，逐步淘汰核电，争取能源转型；美国、英国核电发展放缓。我国核电产业发展也遭受重大影响，已开展前期工作的湖南、江西、湖北等省份谋划的内陆核电站被叫停。据公开媒体报道，我国常规核电项目审批几度停滞，仅在 2012 年、2015 年、2019 年中陆续有核电机组获得核准，"十三五"期间，国内核电建设未能完成预期目标。

2019 年后，世界范围内核电的发展开始初步走出日本福岛核事故造成的低谷。我国核电在经历了安全大检查、暂缓新建核电站审批、暂时冻结内陆核电站等过程后，核电行业也开始逐渐复苏，核电发电量、上网电量和核电份额近几年都在不断增加。2020 年

9月,海南昌江核电二期工程和浙江三澳核电一期工程获得核准,核电项目审批再度"开闸"。据中国核能行业协会发布的《中国核能发展报告2023》显示,截至2022年年底,我国核电总装机容量占全国电力装机总量的2.2%,发电量为4 177.8亿千瓦时,同比增加2.5%,约占全国总发电量的4.7%,核能发电量跃居世界第二。自2022年以来,我国新核准核电机组10台,新投入商运核电机组3台,新开工核电机组6台。我国在建核电机组24台,总装机容量2 681万千瓦,持续保持全球第一;商运核电机组54台,总装机容量5 682万千瓦,位列全球第三。全国商运核电机组装机规模增长情况见图1-5。

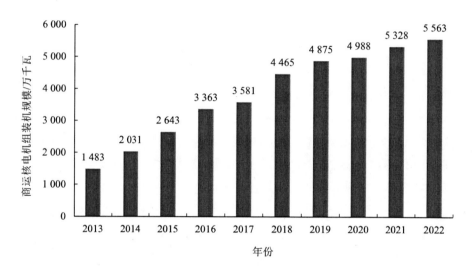

图1-5　2013—2022年全国商运核电机组装机规模增长情况

在看到核电行业发展利好的同时,也应看到阻碍核工业发展的隐患依然存在,特别是福岛核事故造成的负面影响在10年后仍在发酵。2023年,日本正式启动福岛核电站废水排海行动,引发了国际社会的广泛关切。舆论普遍认为,福岛核事故是迄今为止全球发生的严重核事故之一,造成大量放射性物质泄漏,对海洋环境、食品安全和人类健康产生了深远影响。而日本未与周边国家和国际社会充分协商,单方面决定以排海方式处置核电站废水,这种做法极其不负责任。这一行动在我国也再次激发起对核电站建设的广泛议论,舆论显示,除表达对核电站建设的担忧外,部分地区核废料处置事件等过往信息也被提及,"谈核色变"的现象有所抬头。

"十四五"时期是我国核电行业发展的重要战略机遇期。根据《中华人民共和国国民经济和社会发展第十四个五年规划和2035年远景目标纲要》,到2025年我国核电运行装机容量将达到7 000万千瓦。据业内人士分析,"十四五"时期,我国核电有望按照每年8台左右的建设规模和速度推进。鉴于福岛核事故造成的国内"恐核""反核"心理仍然在较大范围内存在，涉核项目"邻避"风险隐患仍然突出，仍应充分做好应对核电、核废料处置等涉核行业"邻避"问题的准备。

1.2.2 生活垃圾转运、输变电、污水处理等群众身边项目"邻避"事件隐患凸显

随着 PX 项目等重大项目和生活垃圾焚烧发电等环境基础设施"邻避"事件风险管控工作的进一步巩固，风险易发、多发态势已得到初步遏制，但与之相对，生活垃圾转运站/回收站、变电站、污水处理厂等一批规模相对较小的项目"邻避"事件风险开始凸显。这些小项目、小设施多选建或已位于居民小区等公众聚集点周边，由于发生了实际的异味扩散、噪声、废气外排等环境污染，抑或担心异味、辐射等环境风险对实际生活造成影响，公众反对意见强烈，围绕这些小项目、小设施的投诉举报、网络舆情以及线下聚集维权事件时有发生。

1.2.3 新领域、新业态伴生的"邻避"事件风险需予以重点关注

"十四五"时期，我国生态文明建设进入了以"降碳"为重点战略方向的关键时期，在"碳达峰、碳中和"工作中，既要防止"高污染、高排放"项目突击"上马"引发"邻避"问题，也要在核电、风电、光伏等绿色低碳能源项目建设中加强谋划，降低可能存在的"邻避"事件风险。此外，新冠疫情发生后，医疗废物处置需求量显著增加，生态环境部统计数据显示，2021 年，全国共产生医疗废物 140 万吨（其中涉疫医疗废物20.1 万吨），比 2019 年、2020 年分别增长了 18.6%、11.1%。从处置情况来看，截至2021 年年底，全国医疗废物集中处置能力已达 215 万吨/年，较疫情前（2019 年年底）提高了 39%。短期内密集"上马"医疗废物集中处置项目易造成医疗废物关注度上升、敏感性增强，需做好医疗废物规范化处置，防范次生"邻避"问题。

此外，伴随网络时代新媒体技术的快速发展，可视化分析、短视频以其直观形象加剧了网络舆论煽动力，扩展了网络舆情传播方式，给舆情监测带来了新挑战。这些新媒体传播途径使得"邻避"事件风险更易被扩散和强化，快速迭代更新的舆情热点加大了舆论引导和处置的难度。

1.3 环境"邻避"问题网络舆情特征①

网络舆情是"邻避"问题发生发展态势的重要表征。基于大数据舆情分析系统对2017—2021 年涉环境"邻避"问题网络舆情进行的全网收集和跟踪，分析结果如下。

---

① 数据来源于生态环境部宣传教育中心相关舆情数据。

1.3.1 涉"邻避"问题网络舆情信息量及变化趋势

"邻避"问题一直是公众关注的热点问题。从网络舆情信息量上看，近年来，全网有关"邻避"问题的信息量总体保持高位，年均"邻避"信息量超过70万条。如图1-6所示，2021年，涉"邻避"网络舆情信息量约为70.07万条，较上一年度增长7.1%。从相关信息平台分布情况上看[①]，新闻网站一直是涉"邻避"网络舆情信息发布、传播的"主舆论场"，媒体对部分高关注单一事件的集中报道、网民对相关事件表态与评价成为网络舆论的主要组成部分。同时，伴随自媒体的蓬勃发展，微博等开放型社交媒体逐渐成为涉"邻避"网络舆情信息发布、传播的主要渠道。

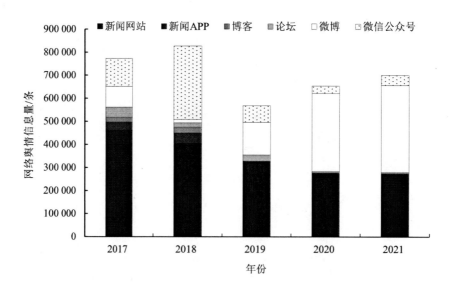

图 1-6　涉"邻避"网络舆情信息量及平台分布情况

1.3.2 涉"邻避"网络舆情涉及领域分析

对近年来"邻避"问题易发、多发的垃圾焚烧发电、石化行业、涉核及环保社会组织等领域进行网络舆情分析发现（图 1-7），涉核领域涉"邻避"网络舆情占比最高，约为35.6%；石化行业、环保社会组织、垃圾焚烧发电领域涉"邻避"网络舆情分列2~4位，占比分别为21.1%、20.1%和17.6%。

---

① 2019年后，舆情监测平台中涉"邻避"分析渠道、范围与之前发生变化，本书中对2017年、2018年舆情信息进行了校对处理，以确保各年度统计口径的一致性。

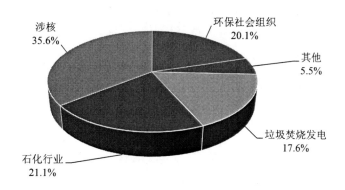

图 1-7 2017—2021 年涉"邻避"网络舆情涉及领域

1.4 环境"邻避"问题防范化解对策体系

当前，我国因环境"邻避"问题引发的群体性事件仍然易发、频发。不少地区在面对涉环保项目"邻避"这一新情况、新问题时，明显表现出认知和应对两个层面的缺陷，造成项目最终被迫暂停或"下马"。防范与化解环境"邻避"风险既是打好重大风险攻坚战，也是打好污染防治攻坚战的重要任务。在法治国家、法治政府、法治社会一体化建设背景下，如何有效化解"邻避"问题，构建法治化的治理机制和以问题为导向的政策体系和技术方法，已成为考验各级党委、政府执政能力和治理水平的一个重大现实问题。

1.4.1 建立对环境"邻避"问题的正确认识

1.4.1.1 认识环境"邻避"问题发生的合理性、必然性

提高对环境"邻避"问题的认识水平是防范与化解"邻避"风险的基础。环境"邻避"问题是我国经济社会快速发展、转型发展的客观现象。"邻避"风险项目给附近居民可能会带来环境风险，产生负外部性，而在项目受益地区产生正效益，如果没有进行相应的补偿，不可避免地会产生"邻避"问题。在庆祝中国共产党成立 100 周年大会上，习近平总书记庄严宣告，我国全面建成了小康社会，正在意气风发向着全面建成社会主义现代化强国的第二个百年奋斗目标迈进。进入新时代，公众将良好生态环境作为美好生活质量一部分的认识和期待越来越高，人民群众的环保意识和维权意识迅速提升，对环境污染的容忍度在降低，同时人民群众在政治、经济和社会权利等方面的诉求也在不断增多。同时，我国经济社会发展在自媒体时代下进入深度调整转型时期，各种矛盾叠

加，信息流瀑效应显著，群体性行为动员成本低、影响大，这就决定了我国环境与社会关系状况进入一个新的敏感时期，总体稳定，但"邻避"风险的"灰犀牛危机"不可小觑。与对环境与经济问题的研究状况和认识水平相比，我们对环境与社会发展规律的认识还不充分，能力也严重不足，加剧了环境"邻避"问题的产生。我们要认识到"邻避"效应是经济社会转型发展进程中的客观现象，敢于面对，敢于担当，保持定力，坚持风险防范与化解并举。

1.4.1.2 适应"邻避"问题面临的新形势新要求

一方面，高度重视，保持定力，防范与化解并举。环境"邻避"风险的防控离不开各级地方党委和政府的重视。仅以地方有关主管部门或项目业主牵头推进，对"邻避"效应的综合应对能力有限，难免显得有些"小马拉大车"。"邻避"项目多具有公益性质，具有天然的合规性，"邻避"效应是经济社会转型发展进程中的客观现象，各级党委、政府需要客观理性地认识这一现象，坚持风险防范与化解并举。

另一方面，积极转变观念，承认差距，倒逼改革。我国正走向生态文明新时代，公众的环境意识、参与要求和维权诉求状况发生了显著变化，对转变发展观念、创新治理理念形成倒逼之势。首先，需树立"邻避"风险意识，顺应潮流，冷静对待。"邻避"问题反映我国经济社会发展进入更高阶段，人民群众对政府事关公众利益的重大决策有了新期待、新要求。"邻避"问题是各级领导不可回避的现实困境，要深刻认识此项工作的重要性和长期性，沉着冷静应对。其次，需承认差距，虚心补课，改进治理方式。深入认识环境与社会关系状况及规律，对影响群众切身利益的项目建设探索与时俱进的治理方法和手段。最后，需倒逼改革，变压力为动力。地方党委和政府应以"邻避"风险防范与化解工作为契机，改进地方政府治理体系和治理能力，因势利导，加快打造共建共治共享的社会治理格局。

1.4.2 构建全链条应对体系

环境"邻避"问题起于相关群众的抵制反对，激烈时表现为群体性事件，终于群众的接受认可或"邻避"项目停建。因此，解决"邻避"问题的核心是要处理好与群众之间的关系，实际上是要处理好科学、民意、惠益共享和监管四个方面的问题，走法治化道路，构建科学应对体系。

1.4.2.1 科学治理

第一，科学规划布局，让基础设施先占位。将存在重大"邻避"风险的项目和基础设施纳入中长期规划，明确建设目标与布局，让基础设施先占位。城市规划是统筹经济社会发展，协调社会各层利益的重要手段，在"邻避"问题中应该充分发挥规划作为一种协调性公共政策的作用。当前国内一些项目落地难，一方面，与有关规划布局不合理等问题有关。近年来，一些城市因垃圾中转站、变电站等设施建设引发的"邻避"事件屡见不鲜，往往因为选址"空降"落地，与先前规划不衔接，与周边环境起冲突，加大了沟通协调的成本与难度。另一方面，一些地区地方政府对公用设施周边用地规划控制不力，用地布局未充分考虑环境兼容性和社会风险，导致敏感目标增加，产生新的环境矛盾。河北省某垃圾焚烧发电厂 2004 年获准开工建设，2006 年某地产公司在其西侧大规模建设居民小区，引发厂群矛盾；2010 年，该厂在已经具备点火条件的情况下，由当地政府支持实施异地搬迁，迁入经济开发区，未再发生类似纠纷。重庆市政府结合生态保护红线规划，依法编制城镇建设及环保基础设施等规划，从规划决策源头优化产业布局，为"邻避"基础设施建设提供了保障。

第二，选址要科学民主，兼顾"硬条件"和"软要求"。科学民主选址可以从源头规避"邻避"风险。但当前一些地区"邻避"项目选址中存在着重强调选址的技术合理性，而对项目的安全防护距离和周边群众"心理安全"距离，以及公众利益诉求与文化习俗关注不足，公众参与缺失，选址程序不规范等问题。陕西省某垃圾焚烧发电项目于 2016 年引发"邻避"事件，教训之一就是当地政府未经厂址充分比选论证即将项目选址于一个停产后的水泥厂内。在政府看来，废弃水泥厂的再利用是理想路径，而当地群众却对选址的科学性提出质疑，认为"刚关停了一个污染项目，又要再建一个污染项目"，对项目选址不理解、不支持，最终酿成"邻避"事件。武汉千子山循环经济产业园从规划选址之初就明确按照满足城市整体规划需求、库容需求、地质稳定、人群稀少、无敏感目标及将环境整治与项目建设同步推进等科学选址的要求，选址确定后对规划用地进行了严格管控，并严控周边规划，严禁违规建设，做到了项目规划的十年间选址未调整，为项目规划建设创造良好外部环境，减少"邻避"风险。

第三，技术工艺要过关、运营主体要可靠。首先，地方政府要慎重选择运营主体，不仅看技术实力、管理水平，还要看企业社会责任履行情况。其次，项目审批时应考虑企业所选工艺技术的先进性，以及对环境影响的程度。关注项目技术工艺是否成熟、先进且适合本地，项目设备质量是否可靠，避免出现工艺技术落后或与当地环境不适应，造成环境污染而引发群众不满。最后，相关主管部门也要慎重推介工艺技术，避免为不良企业"背书"。湖南部分县由于垃圾焚烧处理工艺技术选择不当，与当地环境不适应，经过多次技改，效果仍然不佳，设施难以正常运转，引发环境污染事件，并为"邻避"事件埋下祸根，应吸取教训。

第四，稳评先行，把高风险项目挡在门外。稳评是"邻避"项目贯彻风险预先防范理念的重要手段之一。在进行重大涉环保项目建设决策时，扎实细致地做好项目社会稳定风险评估工作，分析识别不稳定性因素和问题，采取措施将不稳定因素化解在项目决策、开工之前。

1.4.2.2 关心民意

第一，以人民为中心，践行群众路线。坚持走群众路线，将"好事办好"，充分发挥基层党组织和干部力量，深入体察社情民意，让决策、执行等各环节都能顺应民意，汇聚民力。一些"邻避"项目在信息一公布就遭到群众强烈反对，实际问题还是前期群众工作做得不充分，群众对项目信息了解不够，缺乏理性认识和畅通的表达渠道。对民意的尊重应体现在公共决策时对民意的考量和保障公众在项目全过程的参与监督，不是在群众抵制时以妥协不建项目而收尾。广东省博罗县在推进环保生态园项目（垃圾焚烧发电）时，成立群众工作组，分别到项目所在地附近的村庄，进村入户，有针对性地做好群众矛盾排查和化解工作，为项目顺利落地赢得了群众支持。

第二，推进环境信息公开。信息公开是绕不开的环节，要早公开、全程公开，但公开的方式和策略要讲究。政府通过权威信息发布平台和微博、微信、政务 APP 等便于公众知晓的方式，及时、准确、全面地公开环境敏感项目污染源监管信息和涉及企业、群众利益的相关环境保护政策等信息，为公民、法人和其他组织参与和监督提供便利。企业依法公开基础信息、排污信息、防治污染设施建设和运行情况、建设项目环境影响评价及其他环境保护行政许可情况、突发环境事件应急预案等环境信息。部分企业深入践行"环境守法者"职责，将信息公开的时间扩展至企业整个生产过程，承诺实时接受公众监督，履行社会责任。坚持"开门办工厂、开放办企业"的理念，通过举办"工厂开放日"等活动，敞开大门邀请群众入厂参观，制作展板介绍企业运行维护举措，让公众"零距离"观察企业安全环保和生产情况，增进公众对企业生产和污染治理的理解，树立"负责任的企业公民"和"社区好邻居"形象。

第三，精准科普宣传教育。因地制宜，根据"邻避"项目周边利益群体特点，注重科普教育的针对性和有效性，具体包括：①借助主流媒体力量，加大对典型案例系统正面的宣传，帮助公众了解项目建设和运营的水平。充分利用报刊、广播、电视、网络、新媒体等各种传播手段，建立多元化宣传平台，加强法律法规和政策的宣传教育，普及环境知识和法律常识。②组织参观同类示范项目。各地经验表明，短期内提高群众对"邻避"项目正确认识的有效办法，就是让其"眼见为实"，参观好的项目，增强感性认识，深化理性宣传。杭州九峰垃圾焚烧发电项目在实施前期组织 82 批次、4 000 余名群众现场参观。广东陆丰核电项目、深圳老虎坑垃圾焚烧发电项目等一批项目在推进前期，组织周边群众参观考察同类项目，改变群众固有印象。③针对不同群体，采取灵活多样的工作方式，除进村入户、组织参观、科学宣传等面上宣传工作，还要针对村干部、党员、村民代表、族老、校长、老师、学生、外出乡亲、宗亲等有影响力的群体，利用各种时机，积极主动接触，协同做实精准科普宣传工作，提升公众科学素养。

第四，加强舆情监测。既关注线上网络舆情，也重视线下社情民意，尤其在项目关键节点，更要通过舆情广泛征集民意。完善新媒体监测手段，借助立体化监测网络，对项目选址决策、建设、运行等全过程开展有效监测，及时搜集发现潜在的可能引发炒作的风险点和舆情信息，关注网络舆情动态趋势的波动拐点，及时回应群众关切，消除群众质疑，把问题解决在前端、消灭在萌芽阶段。

第五，建立并畅通公众表达及诉求渠道。完善公众接待日、政府热线、信访、座谈会等现有公众参与平台，建设"政—企—民"三方对话机制，开辟有效的意见表达和投诉渠道，搭建公众参与的对接平台，及时回应群众关注的环保热点和焦点问题。推进建立有关规划、选址、建设、运营、监督、补偿等方面纠纷的协商解决方式，鼓励公众通过合法途径反映诉求，化解矛盾纠纷。对居民提出的合理化诉求，应当研究解决措施，做好解释工作，避免非对抗性矛盾转化为对抗性矛盾。中石油云南石化公司为建立并保持长效的公众参与和环境监督机制，成立了由企业代表、人大代表、政协委员、观察代表（社会公益组织）、周边社区居民、政府环境保护主管部门组成的"云南石化绿色共建委员会"，搭建一个"企业自律、政府监管、群众监督"的平台，在信息公开、宣传教育、绿色共建等方面积极发挥作用，推动企业与所在社区共赢发展。

1.4.2.3 加强监管

第一，强化环境监管。一些企业环境社会责任感缺失，不定期关停污染治理设施、偷排乱排，给群众生活造成不良影响。因此，加强环境监管，既是防范和化解"邻避"风险的先决条件，也是环保法规的基本要求，必须无条件监管到位，确保企业稳定达标排放，守法运行。近年来，生态环境部对垃圾焚烧发电行业开展"装、树、联"工作，全面提升垃圾焚烧发电行业的环境管理整体水平。截至 2021 年年底，共实现全国 678 家垃圾焚烧厂 1 495 台焚烧炉的实时监管，全行业实现基本稳定达标排放，有力减缓了"邻避"风险隐患。

第二，引入群众监督机制。引导企业探索建立社会监督员机制，请群众代表监督企业运行。湖南省长沙市长沙县为打消群众对某危废项目运行可能不规范的质疑，县政府引入群众监督机制，成立了由有威望村民代表组成的群众监督委员会，委员会代表每周例行走访、检查项目，督促企业对发现的问题立即整改。湖北省仙桃市在重启垃圾焚烧发电项目时，为打消网上针对垃圾焚烧发电项目投产后能否按照环保标准运营的质疑，在落实各方监管的同时，发放 200 张义务监督员证，主动邀请群众参与全程监督，让市民随时能够持证进厂了解情况。同时，对项目建设、运行过程，及时面向社会实时公开，开放的姿态逐步赢得了公众的信任和信心。

1.4.2.4　平衡利益

第一，建立利益调节和平衡机制。对相关利益群体进行利益补偿是对"邻避"负外部性的经济平衡，有理论合理性。多地成功经验表明，利益补偿是化解公众抵触情绪最有效的措施之一。以惠益共享的方式实现与公众的良性互动，弥补周边群众因项目建设的"被剥夺感"，争取群众对"邻避"项目建设的认同度，形成利益共同体，推动相关产业健康有序发展。广东省汕头市某垃圾焚烧电厂在项目动工前由区财政一次性向村民支付征地补偿费，每年帮助场址所在村的村民缴纳医保、城乡居民一体化养老保险，在工业用地和宅基地用地指标上给予一定倾斜，让当地村民感受到项目落地带来的红利和实惠。

第二，探索多元化利益回馈方式。采用货币补偿、实物补偿、政策补偿等多元化方式建立长效利益回馈模式。可通过货币补偿方式让项目建设者给予"邻避"项目周边社区一定数额资金，完善社区公共建设。同时以提供公共设施或社区公共服务的方式对周边居民进行补偿，如提供就业岗位、修建道路、建设图书馆、兴建游乐设施等。结合各地实际情况，通过政策倾斜的方式，在法律法规允许的范围内，对项目所在地进行"额外关心"。杭州九峰垃圾焚烧发电项目通过创新垃圾异地处理补偿费制度、建立长期发展援助机制、实施各项惠民工程、提供就业机会等多元化利益共享机制化"邻避"为"邻利"。

第三，利益回馈方案早制定、早公开。在向社会公开垃圾焚烧发电项目信息的同时，及早公开利益回馈方案，明确项目将来落在哪里，哪里居民就受益，能受多大益，以减轻居民抵触心理，安定民心。以广东某垃圾焚烧发电项目"邻避"事件为例，当地在项目论证之初就制定了《项目生态补偿实施方案》，制定了由垃圾输出地（镇）按照每吨垃圾20元标准补偿输入地（镇）的补偿措施，补偿金作为专项资金，可由输入地（镇）根据实际情况统筹安排，用于改善当地基础设施、村民住房以及扶贫等。但也正是由于后续补偿方案未推出，补偿承诺迟迟未落实，公众心理落差大，成为后续"邻避"事件爆发的直接原因。

专栏1　转变观念全链条应对，从"三起三落"到成功落地
——广东省某生活垃圾焚烧发电项目

广东省某生活垃圾焚烧发电项目是纳入广东省"十二五"规划的重点环保基础建设项目，2011—2015年前后共启动3次，建设过程中频频受阻。经历了"三起三落"后，当地政府认识到项目选址未经充分论证,对附近 11 个村庄上万村民的利益诉求重视不足,项目遇阻后,省政府领导指示重新选址。2016 年年底确定选址后,工程建设顺利,2018 年年底正式投产发电。从"三起三落"到项目顺利推进,为破解"邻避"难题提供了宝贵借鉴。

(一)端正理念,确立化解"邻避"问题新思路

项目遇阻后,区委领导多次召开书记办公会议、区委常委会会议、专题工作会议等,反复研究讨论,逐步统一了各级干部思想,扭转了基层干部对项目的态度,强化了任何工作都需要群众理解支持,"硬任务、民生实事"的前期工作、群众工作同样不能马虎的思想共识,形成了通过最大限度地争取群众理解支持化解"邻避"效应的新思路。专门成立由区委领导班子负责的工作组,明确责任分工,强化地方党委和政府主体责任,全力做好矛盾排查、化解和稳定保障工作,形成破解"邻避"问题的强大合力。

(二)科学民主,创新项目规划选址方式

项目遭遇失败后,当地政府重新选址时转变思想,创新选址方式,变"封闭决策"为"民主决策",既考虑技术性、专业性的"硬条件",也重视选址地经济社会发展情况、社情民意等"软指标",从一开始就坚持"专业技术指标"与"系统风险评估"并重。一是全区"海选"。要求全区 13 个乡镇自行组织民意调查,听取专家技术人员意见,在各自辖区内挑选 1~2 个备选点上报区政府。二是比对初选。组织职能部门技术人员根据各镇上报备选点的资料进行初筛、初选。随后,区主要领导带队实地踏勘,进一步缩小选点范围。经初选后,提出了"3+1"场址方案,即从各乡镇推荐场址中筛选出 3 个场址,另从群众推荐中筛选出 1 个场址。三是确定选址。经过两轮筛选后,聘请第三方专业机构和专家进行专业论证和风险评估,初步确定选址并上报上级审批。通过乡镇推荐、群众参与、领导决策等方式,2016 年 12 月,完成选址。尽管最终场址并非来自各乡镇推荐,但在选址的过程中,实际上既向各乡镇传导了压力,落实了责任,又统一了基层的思想认识,也促使各乡镇贯彻科学选址方式,积极主动开展专家咨询论证,可谓一举三得。

(三)凝聚民心,筑牢项目建设的群众基础

项目充分吸取教训,在建设过程中始终把加强公众沟通、最大限度地争取群众的理解支持,作为确保项目稳妥顺利建设的重要前置性工作来抓,坚持把群众工作做在前头、做到实处、做到深处。耐心倾听群众的意见和诉求,主动解释沟通、消除误解、理顺情绪,并通过利益倾斜,加强民生实事建设,保障群众得到实惠。生活垃圾焚烧发电厂确定选址地点后,专门组建了 2 个群众工作组,对项目选址所在地的群众逐户、逐人进行走访座谈,做到全覆盖收集群众意见诉求,分门别类、登记造册,再印发给群众工作组,逐一上门入户解释回应,使群众了解实情、明辨是非、消除疑虑,形成理解支持项目建设的共识。

项目所在地区民间的宗教、文化习俗在老百姓中有广泛的影响力，当地人常说"出门经商务工人员过年可以不回家，但清明祭祀必须回家"，而项目选址恰恰位于一片墓地周边，并且有些是明清时期的祖坟。为切实尊重当地社会习俗，重视社情民意，区政府对项目厂址范围内所有墓地通过各种渠道找到后代，以当地干部为主逐一去做思想工作，每一座祖坟按照一定的标准进行迁移补偿，对未找到后代的祖坟，由当地政府统一拍照编号后集中迁移，待找到后代后再进行迁移。这一举措赢得了不少村民称赞，群众看到了政府对老百姓的尊重与善意，看到了政府工作的细致与认真。

（四）惠益共享，推动"邻避"向"邻利"转变

项目建设过程中，区政府主动采取"提前让利"的方式，在承诺项目建成后保障群众利益、及时足额落实各项补偿资金和福利政策的同时，积极筹措资金，在项目开展前期同步推进民生建设，解决群众实际困难。在项目推进过程中，一次性拨款50万元帮助项目所在地群众缴纳2017年的城乡居民基本医疗保险和城乡一体化养老保险，落实该项目运营方按人口每年给予村民固定的经济补偿承诺。项目建成后，适当解决部分村民进厂务工，筹资近600万元对选址范围内已十分破旧的医院实施整体重建。将"邻避"项目建设与"创文强管"、美丽乡村建设等重点惠民工作紧密结合、统筹推进，着力解决了群众反应强烈的占地违建、乱摆乱卖等"脏乱差"突出问题，并帮助项目所在村投资35万元完成新农村建设初步设计规划方案，投入85万元整修寨前池，筹资近1400万元完成村道等的改造建设。这些实实在在的好事、实事，明显改善了环境质量，使群众直观地认识到加强生态环境建设的重要性和实际好处。

第2篇　理论探讨

2　环境"邻避"问题的概念与内涵

2.1　"邻避"的概念及衍生

"邻避"的概念最初是由 Michael O'Hare 于 1977 年提出，指的是原本为大多数居民带来利益的城镇公共项目，在建设和运营过程中产生的外部成本却由周围居民来承担，因而这类项目的建设受到周围居民的抵制，甚至产生抗争，O'Hare 把这种现象归纳为 "Not On My Block You Don't"（离开我的街区）。1980 年，英国记者 Emilie Travel Livezey 在《基督教科学箴言报》上第一次提出了 NIMBY 一词，即 "Not In My Back Yard" 的首字母缩写，直译为 "不要在我家后院"，描述当时的美国人对于化工垃圾的反抗，之后这个概念被学术界广泛使用。学者们基于公众反对的态度先后提出了与 NIMBY 相关的其他概念，如 NIABY（Not In Anybody's Backyard）、NOPE（Not On Planet Earth）、BIYBYTIM（Better In Your Backyard Than In Mine）等，见表 2-1。NIMBY 的中译文源于 20 世纪 80 年代中国台湾学者的音译，即 "邻避"。

表 2-1　"邻避"的不同概念及中文翻译

英文全称	英文简称	中文直译
Not In My Backyard	NIMBY	不要在我家后院
Not In Anybody's Backyard	NIABY	不要在任何人家后院
Not On Planet Earth	NOPE	不要在地球上
Build Absolutely Nothing at All Near Anybody	BANANA	绝对不要靠近任何人建设
Better In Your Backyard Than In Mine	BIYBYTIM	建在你家后院好过建在我家后院
Not-In-My-Term-Of-Office	NIMTOO	不要在我的办公室范围内
Not-In-My-Bottom-Line	NIMBL	不要越过我的底线

"邻避"经由不同组合方式可以衍生出更多的词汇，实际上不同搭配所形成的新词汇在概念内涵或行为性质上存在显著区别。比如有 "邻避" 设施、"邻避" 项目、"邻避"

工程、"邻避"企业、"邻避"工厂等表示"邻避"对象的概念。李永展认为"邻避"设施指"会产生负的外部效果从而令人感到厌恶的设施，当地居民不支持的设施"。也有"邻避"情结、"邻避"症候（群）、"邻避"主义等表示"邻避"态度或居民"邻避"心理的概念。维特斯（Vittes）指出"邻避"情结是一种全面拒绝被认为有害生存权和环境权的公共设施的态度；是一种环保主义的主张，强调以环境价值作为衡量是否兴建公共设施的标准；是一种不带任何技术面、经济面或行政面的情绪反应。洪鸿智认为"邻避"心理是公众源于"邻避"设施可能产生的威胁生活品质和财产价值的潜在风险，因而产生敌视行为的态度。总的来说，"邻避"心理其实是一种居民想要保护自身生活领域，维护生活品质所产生的抗拒心理和行动策略。还存在"邻避"冲突、"邻避"运动、环境型群体性事件、"邻避"抗争、"邻避"效应等表示"邻避"行为或整个事件的概念。由"邻避"对象、"邻避"心理而引发的抗议行动就是典型的"邻避"冲突或"邻避"群体性事件。陶鹏等将"邻避"设施分为污染类（垃圾焚烧厂、磁悬浮、飞机场等）、风险聚集类（核电厂、化工厂、加油站等）、污名化类（戒毒中心、监狱、传染病医院等）及心理不悦类（殡仪馆、火葬场、墓地等），这四种情况所引发的群体性事件，共同成为"邻避"型群体性事件的四个亚类型。

出现多类型概念现象主要是由于概念本身的发展、概念翻译的问题和研究者未加辨析的混用。随着"邻避"概念本身的发展，"邻避"不仅在污染型公共设施方面体现，也在殡仪馆、精神病康复中心等令人感到心理不悦的设施类型或是承担风险多而获得利益少的风险集中型设施中体现，因此"邻避"外延不断扩大。

2.2　环境"邻避"问题的概念

环境"邻避"是对"邻避"范畴的进一步界定，主要指居民因担心设施周边环境问题而引发的"邻避"问题。从环境"邻避"这个词的构成来看，环境"邻避"跟环境保护密切相关，只不过环境"邻避"侧重于保护属地民众的小环境而不是人类或整个社会的大环境。中国台湾"邻避"运动中的经典名言"鸡屎拉在我家后院，鸡蛋却下在别人家里"，即反映出这种环境保护的地方主义色彩。环境"邻避"不仅表现在民众对"邻避"设施负外部性和产生危害性的担忧，更是对环境污染和环境问题的担忧。和其他"邻避"问题一样，我国环境"邻避"问题本质上也是由设施本身的负外部性决定的，担心设施可能造成的环境污染是环境"邻避"的根本原因，只是环境"邻避"大多数是将复杂的利益诉求归因于表象的环境影响，公众多直接以项目环境影响为由反对项目建设。

环境"邻避"问题主要表现出以下几方面特性：

一是事前预防性。事前预防性是指通过积极主动地寻找应对措施和管理办法来预防事件发生，是一种现代化管理方式。分析近年来我国发生的"邻避"冲突，原因既包括工艺设施选取不佳、未批先建、选址程序不合规等客观问题，也包括党委和政府重视不够、科普宣传不到位、舆论引导不及时等主观问题。不管是客观问题还是主观问题，都可以通过充分的事前预防，最大限度地避免"邻避"问题出现。在"邻避"问题的实际应对中，需树立事前预防的理念，通过建立环境风险台账、实行项目风险评估、设立舆情监测预警、实行矛盾排查等重大举措，在多元化治理方面积累经验，提升"邻避"问题治理的能力和水平。

二是敏感性。"邻避"问题往往伴随民众情绪的宣泄，源于设施对其附近民众的健康、环境、心理、财产、生活等具有实质或潜在的危害或政府、专家与民众之间的认知差异。此外，民众对"邻避"项目专业知识的不了解、对网络舆情的真伪难辨和对官方后续辟谣的质疑，都会导致其对项目落地充满抗拒。当前，民众"邻避"问题情绪化的反应主要体现在两个方面：一方面是"邻避"设施的选址和补偿决策等，往往会被认为是强加的；另一方面是对抗性情绪和行为会加剧民众对设施可能存在威胁的主观预期，从而形成恶性循环。

三是区域性。"邻避"问题多在"邻避"设施的服务半径内发生。"邻避"项目具有狭隘的地域性，一般来说"邻避"设施是城市正常运转所必需的配套设施，是社会公众生活中不可缺少的一部分，具有公众效益、服务大众的性质，如城市垃圾焚烧厂、污水处理厂等。考虑设施本身的需要和服务的对象，其规划布局难以做到与市民生活工作区域完全隔离。部分类型设施对选址往往有特殊要求，如变电站、无线电基站等最好布置在城市负荷中心，公厕布局则需便捷服务市民，"邻避"设施区域性特征决定了其难免引发社会矛盾。

四是"搭便车"效应。"搭便车"效应是指在利益群体内，个别成员为本利益集团的利益作出努力，导致集团内所有人都有可能得益，但其成本则由个别发起者承担。简单来说，"搭便车"现象是由正外部性的溢出造成的，即不用付出成本而坐享他人之利。就"邻避"问题而言，主要是由于"邻避"设施所带来的负面后果由少数人承担，而大多数人可以"搭便车"从中获益，少数群体相对剥夺感被强化。例如，某地生活垃圾由全体市民生产，但垃圾焚烧厂却建立在某一小区和村庄附近，尽管政府和专业人士一再保证垃圾焚烧厂的技术安全性，但周围居民仍然会质问："为什么要建在我家附近，而不是其他地方呢？"由于环境保护属于公共话题，在"邻避"问题发生发展中，环境"邻避"问题出现了新的"搭便车"效应，即部分人借由环境问题提出其他不合理诉求，如一些别有用心的利益集团以反对"邻避"设施建设为由，表达其在正常途径中无法实现的个人利益，或担心自身房产贬值等非环境问题损失，以环境"邻避"问题为借口来进行反对和抗议。

近几年发生在我国的环境"邻避"问题基本特征概括有以下几点：一是建设项目是具有社会效益、服务大众功能的，如各地建设的生活垃圾焚烧厂、污水处理厂等，此类"邻避"设施服务于整个城市，但可能影响设施附近地区居民的生活质量、安全健康，或有损其房屋价值等而遭受到当地居民反对。二是设施对其附近民众产生了潜在或实质性的环境影响，如废水、废气、固体废物、噪声、辐射以及生态破坏、环境风险等影响；或者因政府、专家与民众之间对环境影响的认知存在差异而具有争议。三是民众不愿意与该项目场址毗邻，包括特殊交通设施、火葬场、殡仪馆、精神病康复中心等场所。既有项目因非法排污等环境违法行为对周边民众产生不良环境影响，而遭受民众反对和抵制的，属于民众正当的维权行为，从严格意义上来讲不属于"邻避"问题范畴。

2.3　环境"邻避"问题的经济学特征

环境"邻避"问题是伴随我国经济社会快速发展、城市化进程加快出现的新问题，作为经济和社会发展的衍生品，特别是伴随城镇化进程的加快，环境"邻避"问题在我国频繁发生。环境"邻避"问题的经济学本质主要体现在环境"邻避"设施方面，即公益和私益的冲突。从经济学角度分析，环境"邻避"问题经济学本质包括以下方面。

2.3.1　负外部性

负外部性，也称外部成本或外部不经济，是指一个人的行为或企业的行为影响了其他人或企业，使之支付了额外的成本费用，但后者又无法获得相应补偿的现象，或是对交易双方之外的第三者所带来的未在价格中得以反映的成本费用。一般情况下，"邻避"设施为公共性设施，其效用一般惠及整个地区或更大范围而不会为设施周边所独占，但其负外部性影响却集中于设施周边地区，对周边生活环境、财产价值、身体健康、生命安全等构成威胁。政府在建设这类"邻避"设施时也更多地考虑大多数居民的福利或当地经济的发展，在权衡成本收益时容易忽略对当地居民的潜在风险，造成"邻避"设施的负外部性特征。

环境问题具有典型的负外部性，如图 2-1 所示，当有环境负外部性存在时，企业私人成本与社会成本相分离，企业按照私人成本核算得到的最优产出水平在 Q_p，社会最优的产出水平在 Q_s，两者分离的程度反映了污染排放者在与被污染者的力量博弈过程中转嫁成本的能力。转嫁者在经济、政治、信息获取等方面越强有力，被转嫁者在环保偏好、政治影响和信息获取、社会动员等方面越软弱无力，这种成本的转嫁就越多，私人成本和社会成本的分离也就越大。所以，环境"邻避"问题的经济学本质就是为防止环境负外部性转嫁而驱离"邻避"设施的经济行为。

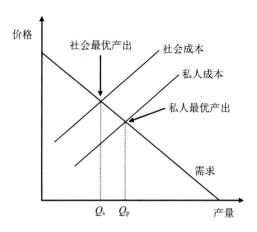

图 2-1 私人成本与社会成本的分离

2.3.2 风险与利益的不均衡性

"邻避"设施的负外部性带来了利益分配的不均衡,表现为环境公平问题,即风险平等分担与收益平等分享。环境公平要求在对环境资源的利用过程之中,人们的收益和成本相一致,权利和义务相匹配。"邻避"设施因其成本和效用分配的不均衡,造成成本集中而效用过于分散。这种风险与利益的不均衡分配会使"邻避"设施周边居民认为,他们要为区域中其他居民经济效用的增加负责,而与同样享受该项设施所带来经济效用的其他居民相比,自身的经济效用的增加却显著低于其他居民,甚至还可能降低其经济效用。这种不对等给"邻避"设施周边居民带来严重的不公平感。很多"邻避"项目在周边居民未得到合理对价补偿之前,政府和企业就强行推行实施,最终导致"邻避"冲突产生。

一般而言,风险与利益的不均衡性与离设施的距离成反比,距离越近,潜在风险与危害越大,个人利益越小;距离越远,风险与危害越小,个人利益越大。因此,与设施距离越近,公众反对行为也越激烈,设施风险越高、潜在危害越大,给周边带来的潜在负外部性成本也越高,当威胁到居民及其后代的生存环境、身体健康和生命安全时,反对行为最为激烈与持久。在某市 PX 项目规划决策阶段,市政府对 PX 项目选址、投资总额、建设期限等都做了具体设计,唯独没有对项目建设运营可能对周边民众造成的风险危害进行评估并制定相应的补偿方案;宣传动员时,政府只是单方面要求民众无条件服从地方发展大局,而对民众可能承担的风险却没有作出任何补偿承诺;危机应对时,面对民众质疑,政府反复强调项目安全性和决策过程公平公正,却并未就民众关心的项目建设运营可能造成的环境污染、健康受损等现实问题作出令人满意的补偿承诺,随即引发了群体性事件。

2.3.3　非排他性

一般来说，凡是企业和家庭能完整地购买其消费权的产品，如房屋、汽车、食品等私人产品，都具有消费上的排他性。而公共产品一般具有非排他性，即指一个人在消费这类产品时，无法排除他人同时消费这类产品，即使不愿意消费这一产品，也没有办法排斥。以空气污染为例，空气不论清洁与否，都始终环绕着每个人，个人无法阻止他人消费空气。

环境"邻避"设施即具有明显的非排他性。以垃圾焚烧设施为例，虽然设施建设在某一特定区域，但其往往服务于整个城市的范围，在远离垃圾焚烧设施周边的居民同样依赖其对自身产生的垃圾进行处理，设施周边居民无法排除其他人来处理垃圾。诚然，垃圾焚烧设施可通过收取高额费用限制其他地区使用，使设施本身具有排他性，但从区域尺度来看，区域非排他性仍然难以避免。

2.4　国内外环境"邻避"问题的研究热点

基于中外核心期刊检索数据库内容①对环境"邻避"问题研究热点开展的研究，并基于文献计量学，重点分析了国内"邻避"问题的发展阶段、研究热点及其变化趋势。以"NIMBY""邻避"为关键词，从 1984 年 1 月 1 日至 2021 年 12 月 31 日为时间跨度进行检索，共筛得外文文献 814 篇②（以下简称外文样本）、中文文献 601 篇③（以下简称中文样本），合计共检索获取国内外"邻避"研究的样本文献 1 415 篇。其中"邻避"领域国内外重要作者和研究机构如图 2-2 所示。

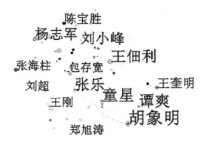

（a）"邻避"领域中文样本作者合作网络　　　　（b）"邻避"领域外文样本作者合作网络

---

① 美国科学网（Web of Science，WOS）数据库是美国科学信息研究所（ISI）数据库中的核心期刊引文索引数据库，收录了具有世界影响力的、经过同行专家评审的高质量期刊文献。国外数据选取了收录于 WOS 核心合集（Web of Science Core Collection）数据库的相关文献，包括 SCI-EXPANDED，SSCI，A&HCI，CPCI-S，CPCI-SSH，ESCI，CCR-EXPANDED 和 IC 等的引文索引数据库；国内数据来源于中国知网（CNKI）网络出版总库，主要为中文社会科学引文索引（CSSCI）数据库收录文献。
② 为提高数据的准确性及科学性，手动去除会议论文（proceedings paper）、综述（review）、会议摘要（meeting abstract）等文献的影响，再次精确检索。
③ 为保证数据的准确性和科学性，手动去除新闻报道、会议通知、征稿、评论等，并经数据清洗。

中央财经大学政府管理学院
北京航空航天大学公共管理学院
中国矿业大学(北京)文法学院
　　　　中山大学政治与公共事务管理学院
南京大学政府管理学院　　上海交通大学中国城市治理研究院
中国海洋大学法政学院　上海交通大学国际与公共事务学院
　　　山东大学政治学与公共管理学院
　　中国海洋大学国际事务与公共管理学院

（c）"邻避"领域中文样本作者机构合作网络　　（d）"邻避"领域外文样本作者机构合作网络

图 2-2 "邻避"领域国内外重要作者和研究机构

2.4.1 研究阶段分析

发文量是衡量某一领域在特定时间段发展态势的重要指标，可以更加直观地看到该领域研究热度的变化，对分析某一领域的发展态势和预测其未来发展趋势具有重要的意义。

图 2-3 反映了 CNKI 数据库核心期刊中有关"邻避"主题的发文数量随年份的变化图。从图中曲线的走势可以明显看出国内学者关于"邻避"的研究表现出一种阶段性的趋势，根据发文数量的变化可以划分为以下三个阶段。

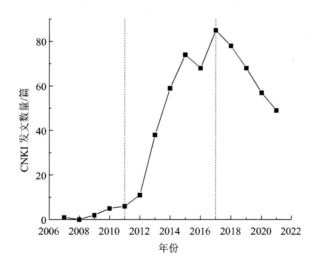

图 2-3 国内"邻避"领域文献量的年度发布

（1）2007—2011 年：这一阶段的典型特征是发文的数量较少且数量变化也小，国内学者在这一阶段的总发文数量不超过 20 篇，每年新增文章数量不超过 6 篇，同时在"邻避"研究内容上该阶段更多偏向于对"邻避"设施案例的分析和对"邻避"现象分析方法的探讨。国内首次出现"邻避"一词的中文文献是 2007 年金通发表的《垃圾处理产业中的邻避现象探析》，文章讨论了垃圾处理产业中"邻避"现象的本质和破解"邻避"现象的基本思路。这一阶段的案例主要是分析垃圾处理设施如垃圾焚烧站、垃圾填埋场等产生的"邻避"效应，进而产生了对垃圾选址场景的研究；同时也对诸如变电站、磁悬浮列车等其他类型"邻避"设施进行了一些研究，这些案例往往是现实发生过的引起过较大舆论关注的"邻避"事件，对尚未发生但有发生"邻避"风险的设施研究较少，学术研究缺乏前瞻性。虽然案例研究的范围较为狭窄，但这一阶段产生了一些对后来"邻避"研究具有较大意义的邻避分析方法，如何艳玲的"动员能力与反动员能力共时态生产"的邻避主体行动分析框架，陶鹏等提出的"预期损失—不确定性"分析框架。

（2）2012—2017年：这一阶段的主要体现两个特点，一是发文数量由少变多，二是年发文数量增速较大。国内学者在这短短的6年内由2012年发文量11篇到2017年发文量85篇，增长至近8倍，发文总量占总发文数量的54%。除发文量的变化外，这一时期研究的内容主要是拓宽"邻避"研究的范围，具体如下：一是拓宽了研究"邻避"设施的类别，不仅包括垃圾场及选址的研究还包括对核电厂、殡仪馆、一般公共设施（养老院、医院、福利院等）、重大工程项目、大型化工项目等"邻避"型设施的研究。如谭爽以"江西彭泽核电站""邻避"对抗事件为例，从"安全之忧""利益之争""权利之辩""文化之殇"这几方面分析了"邻避"项目对社会稳定风险的影响，由此提出了提升项目安全性、改进补偿手段、注重公民权利、塑造健康文化等相应的"邻避"治理建议；吴云清等从"邻避"空间的概念着手，以南京市殡葬"邻避"空间为例，对殡葬业的"邻避"效应进行了研究；曹峰等以天然气输气管道重大工程为例，通过2 010份问卷调查分析民众对于重大工程项目的支持度，得出重大工程项目对于社会稳定风险的影响。国内关于大型化工项目研究最多的是对各地PX项目所产生的"邻避"冲突的分析，如厦门反PX事件、宁波镇海反PX事件、大连反PX事件和昆明反PX事件等。二是拓宽了"邻避"研究的角度，众多学者从不同的角度对"邻避"事件进行了分析，包括从环境正义、法律理性、风险认知和公民参与等角度。何艳玲从环境正义和对邻避主体动机的角度分析了"邻避"问题并对政府政策设定提供了建议；鄢德奎从法律理性的角度认为可以设定一定的法律程序解决"邻避"难题；谭爽等从风险认知的角度对公众的选择行为进行了分析，提出调控与建立积极风险认知的策略以降低公众对"邻避"项目的反对；侯璐璐等以广州市番禺区垃圾焚烧厂选址事件为分析对象，详细分析了参与主体的参与机制，提出要使公众参与合法化、常态化和制度化以解决"邻避"设施选址争议问题等。

（3）2018—2021年：这一阶段的特点是年发文量仍然处于较大值但年发文量呈现逐年降低的趋势。在研究内容上，这一时期对"邻避"的研究更加深入，学者对"邻避"的成因、传导机制与治理策略有更加深刻的认知。朱阳光根据不同的决策主体构建了三类"邻避"效应演化博弈模型，并分析了"邻避"效应的演化机理和成因提出了基于合作博弈理论的规避机制，即博弈双方共同签订具有特定约束力行为的协议，才能充分避免"邻避"居民的利益受损，"邻避"效应才能得以最终规避。王佃利等通过从微观、中观和宏观层次对中国"邻避"治理特征进行了深入分析，提出要加强三个层面的理论研究对话，综合各方观点审视"邻避"问题，加强对"邻避"问题的公共价值治理。

图 2-4 显示了根据 WOS 核心合集数据库得到的"邻避"相关文章发文量随年份变化趋势。国外关于"邻避"的第一篇文章是 Kent E. Portney 于 1984 年发表于 *Hazardous Waste & Hazardous Materials* 期刊的 "Allaying the NIMBY Syndrome-The Potential for Compensation in Hazardous-Waste Treatment Facility Siting" 一文，该文章对美国马萨诸塞州 5 个社区居民的危险废物处置设施补偿措施开展了民意调查研究。之后在近 20 年内"邻避"相关文章发文数量虽然增加但没有显著的增长趋势，呈现一种上下波动趋势。2006 年后可以看到"邻避"相关文章呈现一种急速增长的趋势。2017 年后年发文数量趋向于动态稳定的状态。因此根据发文量的变化趋势的阶段性规律，可以将国外关于"邻避"的学术研究过程分为以下三个阶段。

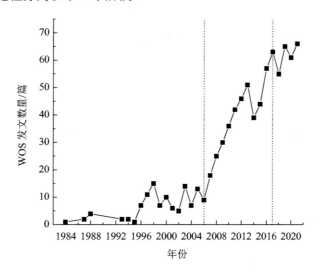

图 2-4　国际"邻避"领域文献量的年度发布

（1）1984—2006 年：这一阶段除了个别年份，发文数量都低于 10 篇，1996 年以前年发文数量均小于 5 篇，且有些年份的发文数量为零，1996 年后发文数量开始增加，但增长率远远小于 2006 年后，且整体不稳定反而呈现一种上下波动的趋势。

（2）2007—2016 年：这一阶段最经典的特征就是"邻避"问题发文数量急剧的增加，"邻避"相关的研究热度不断的攀升，研究人员的数目也在不断增加，原因在于始于萌芽时期的"邻避"事件引起较大的舆论关注，引起研究人员对"邻避"成因、传导机制和治理解决方式等问题探讨和关注。

（3）2017—2021 年：该阶段的特征是"邻避"问题发文数量趋于稳定呈轻微波动。研究的热度从第二阶段的狂热回归理性，所以发文数量趋于平稳或波动，这一阶段对于"邻避"的研究分析的范式趋于稳定和成熟，成长阶段提出的创新性的解释理论得到不断的验证和发展，新的理论不断产生，淘汰旧的理论。

2.4.2　研究内容与领域分析

关键词共现图谱能够反映领域内不同关键词的联系、联系紧密程度、某一关键词出现词频数及中心性，中心性反映关键词在网络中的重要程度，一般认为词频越高、中心性越大，关键词所代表的含义在该领域内越核心。

CNKI 和 WOS 数据分析中词频排名前 15 的关键词如表 2-2 所示。根据关键词，国内外文献的研究领域基本可以分为"邻避"的内涵及其衍生现象、"邻避"产生根源的分析和"邻避"治理方法的研究三大类，其中中文文献更关注"邻避"的内涵及其衍生现象和"邻避"治理方法的研究，而外文文献更加关注能源类"邻避"设施和公众感知相关的"邻避"产生根源研究，具体而言：

一是关于"邻避"的内涵及其衍生现象的分析，CNKI 代表性关键词为邻避冲突、邻避效应、邻避设施、邻避运动和邻避项目等，WOS 的代表关键词有 nimby（邻避），以及与邻避设施相关的 wind energy（风能）、power（电力）、renewable energy（可再生能源）、energy（能源）等，这类研究是从"邻避"的内涵及"邻避"所产生的不同的社会现状进行研究。"邻避"冲突被认为是由于"邻避"设施的建设和运行产生了成本效用分配不均衡的问题从而引发了社会利益冲突的现象，它的出现往往是随着社会经济的发展、公民权利意识的提高以及环保意识的增强，因此引发一些争议，肯定者认为"邻避"冲突是公民争取环境平等权的环境正义运动，有利于保护公民权利制度的完善，然而批评者认为"邻避"冲突是自私自利的情绪化反应，不利于社会的稳定和经济的发展。

二是对"邻避"产生根源的分析，CNKI 代表性关键词为风险认知、社会排斥等，WOS 的代表性关键词为 public attitude（公众态度）、public acceptance（公众接受度）和public perception（公众感知）等。一般认为，公众对"邻避"风险的认知是多因素综合影响的结果，包括公众的知识状况、"邻避"风险特性及媒体传播等，因此公众对"邻避"的认知与实际风险存在偏差，这种偏差具有一定的个人特征和风险特征，主要体现为公众风险认知和政府或专家认知的差异，这种偏差及对应的风险行为选择是"邻避"事件发生的重要原因。

三是侧重对"邻避"治理方法的研究，CNKI 代表性关键词为公众参与、环境治理、治理和地方政府等，WOS 的代表性关键词为 policy（政策）、management（管理）等。大部分学术研究表明，积极推动公众参与是缓解"邻避"冲突的有效途径之一，郭少青以

双重博弈结构为分析框架，提出了提高公众参与"邻避"设施或项目决策程度的走向
"协商民主模式"的环境公共决策机制和完善环境公益诉讼制度的治理方案；冯琳梳理了
2005—2016 年我国垃圾焚烧厂的建设情况和"邻避"事件，认为完善信息公开与公众参
与制度是解决我国垃圾焚烧厂顺利落地建设运行的措施之一。除公众参与是解决"邻避"
问题时的重要措施之外，环境治理与地方政府的"作为"也被认为是解决"邻避"问题
的关键因素，刘小魏通过对地方政府公共政策的困境与挑战的分析认为各级地方政府的
首要任务是要树立与公民分享决策权力的理念，优化公共决策机制和程序。

表 2-2　"邻避"领域国内外关键词（排名前 15）[①]

CNKI 数据			WOS 数据		
词频	中心性	关键词	词频	中心性	关键词
157	0.55	邻避冲突	344	0.02	nimby（邻避）
62	0.5	邻避	157	0.11	policy（政策）
49	0.48	邻避效应	144	0.15	public attitude（公众态度）
48	0.16	公众参与	140	0.01	public acceptance（公众接受度）
44	0.69	邻避设施	112	0.02	public perception（公众感知）
35	0.18	环境治理	107	0.05	wind energy（风能）
34	0.15	邻避运动	84	0.02	power（电力）
15	0.35	治理	83	0.05	renewable energy（可再生能源）
14	0.2	邻避项目	75	0.17	public participation（公众参与）
12	0.01	风险认知	64	0	energy（能源）
12	0.5	公民参与	56	0.09	risk（风险）
11	0	循环经济	48	0.12	opposition（反对）
11	0	回收	45	0.2	impact（影响）
10	0.03	社会排斥	41	0.11	management（管理）
10	0.23	地方政府	40	0.22	community（社区）

　　CNKI 和 WOS 关键词的对比反映出国内在可再生能源领域关于"邻避"的研究较少，
国外对可再生能源尤其是风能建设相关领域的"邻避"问题研究较为成熟。在全球气候
变化的影响下，世界各国对于新能源的发展都极为重视，作为世界上最大的发展中国家，
新能源战略关乎国家命脉。而在大力发展新能源建设项目的背景下，国内急需对于新能
源项目产生的"邻避"问题的研究理论以指导国家相关项目的建设，因此未来新能源相
关的"邻避"问题有很大可能会成为国内研究的热点。

　　对文献进行关键词共线分析（图 2-5），国内文献呈现枝权状结构，说明国内关于"邻

---

① 中心性反映关键词在网络中的重要程度，一般认为词频越高、中心性越大，关键词所代表的含义在该领域内越
核心。

避"的研究是基于一些重要的关键词或者概念（图示为邻避冲突、环境治理、邻避设施、邻避效应、邻避运动、公众参与和风险认知），然后在此基础上延伸发散而形成的整体研究体系。国内对于某一方面的研究较为深入，但是不同概念之间的联系、协同、差异的研究较少。外文文献呈现圆饼状结构（图 2-6），说明外文文献所覆盖的研究领域中各个关键词之间的联系较为紧密，对关键词之间的关系探究较为深入，研究的范围较为广阔。

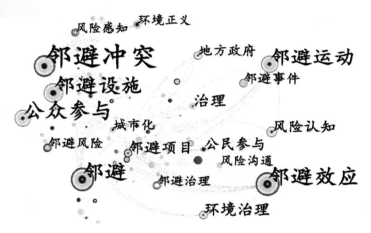

图 2-5　中文文献关键词共线图①

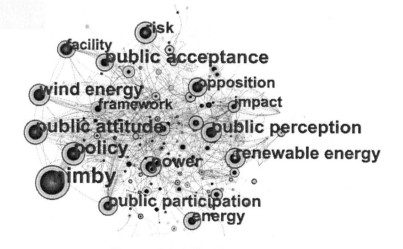

图 2-6　外文文献关键词共线图

---

① 关键词共线图中，每一个节点代表一个关键词，节点的大小反映了关键词出现的频次，连线代表了共现的强度。

2.4.3　重点领域研究趋势分析

CiteSpace 提供的时间线（time line）图谱能够展现各研究主题出现的时间节点，通过对时间线图谱的分析，可以挖掘和预测相应研究领域未来的研究趋势。

对国内外文献关键词进行时间线图谱①分析，结果见图 2-7 和图 2-8。

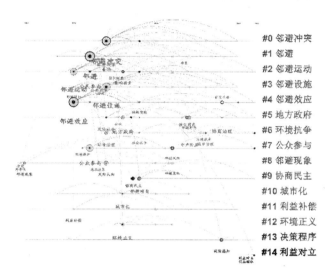

#0	邻避冲突
#1	邻避
#2	邻避运动
#3	邻避设施
#4	邻避效应
#5	地方政府
#6	环境抗争
#7	公众参与
#8	邻避现象
#9	协商民主
#10	城市化
#11	利益补偿
#12	环境正义
#13	决策程序
#14	利益对立

图 2-7　中文文献时间线图

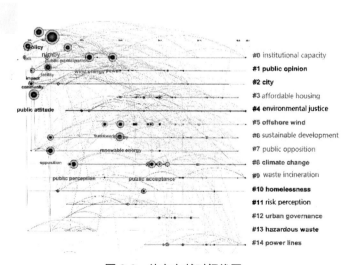

#0	institutional capacity
#1	public opinion
#2	city
#3	affordable housing
#4	environmental justice
#5	offshore wind
#6	sustainable development
#7	public opposition
#8	climate change
#9	waste incineration
#10	homelessness
#11	risk perception
#12	urban governance
#13	hazardous waste
#14	power lines

图 2-8　外文文献时间线图

---

① 时间线图谱能够展现各研究主题出现的时间节点，通过对时间图谱的分析，可以挖掘和预测相应研究领域未来的研究趋势。时间线图谱能够显示不同聚类下关键词的演进历程，节点对应关键词出现的时间及所属聚类，节点的大小体现其出现的频次。

　　图 2-7 表示的是运用 CiteSpace 处理过的 CNKI 数据样本中排名前 15 的聚类时间线图的分布。按照对"邻避"现象、"邻避"原因和"邻避"治理的研究分析可以将该 15 个不同的聚类分为以下三类。第一类是学者对于"邻避"现象的研究，包括的聚类有聚类 0 邻避冲突、聚类 1 邻避、聚类 2 邻避运动、聚类 3 邻避设施、聚类 4 邻避效应和聚类 8 邻避现象。在该类别中出现较早的关键词是"邻避冲突"，之后"邻避效应""邻避运动"和"邻避设施"这些重要关键词依次出现，最晚出现在文献中的关键词为"邻避项目"。2010 年之前主要的研究是对诸如"邻避"冲突、"邻避"运动等"邻避"表象的研究，2010 年之后对"邻避"研究的相关关键词数量开始显著性增加，而且不断出现新的关键词，包括公共政策、"邻避"设施、PX 项目、"邻避"设施选址、中介效应和垃圾处理等，最新的"邻避"相关现象的研究包括噪声污染、城市住宅和 5G 基站等。在该类别中有两个聚类值得关注：①垃圾焚烧。国内第一篇关于"邻避"的文章是金通关于垃圾处理产业中"邻避"现象的解析，之后相关研究的关键词演化依次为选址决策、污名化、反烧运动、冲突诠释、二噁英等，可以看出研究更加深入，现象更加复杂。由时间线图可以看出在 2016 年之后该聚类轴由实变虚，说明国内在该方面的研究减少，原因一是垃圾焚烧在我国"邻避"事件中一开始就占有重要的地位，受到学术界与社会的广泛关注，各种文章对于垃圾焚烧的研究较为透彻很难有新的创新点出现；二是关于垃圾焚烧处理厂的选址，国内政策制定者越来越成熟，"邻避"冲突得到妥善解决；三是我国对于垃圾处理的方式发生了转变，垃圾焚烧处理比例下降。②"邻避"项目。指为社会带来生活上的便利与福祉却会给附近居民造成不利影响以致产生"邻避"情节的项目，"邻避"项目往往由于利益获得者与风险承担者的分离导致了项目社会收益不平等。该关键词出现于 2014 年之后，其聚类关键词演化为制度表达、决策动因、城市、信任危机等。最新的文章研究表明信任危机是"邻避"项目不断爆发冲突的重要原因，通过引入社区利益协议弥补"邻避"双方的信任缺失是解决"邻避"项目问题的有效途径。

　　分析图 2-7 可以发现，到 2021 年一直都有代表性关键词出现的聚类有聚类 0（邻避效应）、聚类 2（邻避运动）、聚类 5（地方政府）、聚类 7（公众参与）、聚类 9（协商民主）和聚类 14（利益对立）。其中包括的最新的关键词为噪声污染、城市住宅、5G 基站、多元主体、三维困境、复合治理、内生逻辑、风险传播、数字治理、伦理风险、信任危机、环境冲突、信息错位等。

　　从 WOS 数据的关键词时间线图（图 2-8）可以看出，到 2021 年仍有代表性关键词出现的聚类包括聚类 0（institutional capacity　体制能力）、聚类 1（public opinion　公众舆论）、聚类 2（city 城市化）、聚类 4（environmental justice 环境正义）、聚类 6（sustainable development 可持续发展）和聚类 8（climate change 气候变化）。其中包括的最新出现的代表性关键词为 evolutionary game（演化博弈理论）、mitigation（缓解）、public engagement（公众参与）、geothermal energy（地热能）、energy justice（能源正义）、shale gas（页岩气）、social media（社交媒体）、criteria（标准）、benefit risk（风险收益）、agriculture（农业）和 nimby facility（邻避设施）。

对比图 2-7 和图 2-8 可知，中文文献目前的研究热点集中在"邻避"冲突、"邻避"风险、地方政府、城市治理和利益冲突等方面，而外文文献目前的研究热点集中在新能源、能源、风险感知、公众认知、社会接受度等方面。从关键词的内涵上讲，中文文献关于"邻避"的研究范围小于外文文献的研究范围，对比研究的内涵可得如下结论：

（1）国内外关于"邻避"治理都强调增强公民参与度，采取一些更加公平的方式（如经济补偿），认为公民对风险认知水平与"邻避"设施策划者认知水平的差异是公民对于"邻避"设施接受与否的决定因素，不同的是外文期刊对于公众感知的心理因素分析更为深入。西方学术界为解释风险认知水平差异的心理因素形成了心理模型、认知策略和心理噪声三种不同的理论。心理模型理论是通过构造公众认知的"心理模型"，对比"心理模型"与策划者风险评估的方式的差异，从而解释了"邻避"策划者与公众认知水平不同的原因；心理噪声理论认为是公众对于"邻避"设施的恐惧、紧张等心理因素导致公众对环境的风险失去了客观的判断从而引发"邻避"冲突问题；认知策略理论认为由于公众的认知策略包括太多的主观等因素偏离了科学的风险分析方法，造成了系统的错误和认知偏差，从而导致认知水平的差异。

（2）与国外最新的研究热点相比，国内缺少在新能源领域相关"邻避"问题的研究。国外学者研究发现公众对新能源领域有较高的支持态度，然而新能源的发展规模却远远低于应有的预期，政府在征求公众对于新能源的态度时得到公众支持的反馈，然而在建造时却遭受到了一些预期之外的反对。国外学者通过分析研究欧洲公众对风能的支持态度与风能发电功率存在较大差异的现象，认为风力发电厂对景观价值影响的视觉评估和公众对于公平的感觉是公众支持风能发电却反对将其建造在自己家"后院"的决定性因素。国外学者通过对北爱尔兰潮汐能转换器安装后居民反应的研究，探究了新能源项目中场所依赖（place attachment）与公众接受之间的联系。

2.4.4　热点前沿分析

中文样本关键词的突现词[①]分析如表 2-3 所示。

---

① 突现词可以反映在一定时期领域内的一些研究热点前沿。

表2-3   中文文献中突现强度排名前20的突现词

关键词	引用突现强度	突现时间段（年份）	
邻避治理	4.07	2019	2021
风险感知	4.07	2019	2021
工业窑炉	3.46	2007	2013
废物处理	3.46	2007	2013
系统正义	3.36	2007	2012
污名	3.36	2007	2012
社会控制	3.36	2007	2012
环境	3.1	2007	2012
法律程序	3.1	2007	2012
政治维稳	3.1	2007	2012
科技理性	3.1	2007	2012
邻避项目	3.01	2017	2018
城市化	2.87	2013	2016
社会排斥	2.83	2007	2012
邻避事件	2.77	2017	2018
公共价值	2.7	2018	2019
回收	2.69	2007	2012
循环经济	2.69	2007	2012
环境正义	2.55	2013	2016
环境抗争	2.42	2018	2019

　　国内对于"邻避"的研究起源于"废物处理""循环经济"等方面的研究，2007年，金通讨论了垃圾处理产业中"邻避"现象的本质和破解"邻避"现象的基本思路。2013年"城市化"和"环境正义"成为国内"邻避"相关文章讨论的热点话题；陈宝胜通过对国外"邻避"研究的历史和现状，认为"邻避"冲突表面上是公民反对"邻避"设施的负外部性而产生的现象，但它其实是公民争取平等享受自然环境和生存权环境的环境正义运动，其中涉及的环境正义等伦理问题应该被治理"邻避"问题当局所考虑；赵小燕认为城市化的快速推进、单位制的弱化，城市居民基于自己的利益对环境公平更加关注，对"邻避"设施的建造更加敏感。基于此，她对"邻避"冲突所面临的四大困境进行充分分析并提出了破解困境的有针对性的对策。

　　国内关于"邻避"文章发文数量的巅峰是2017年的85篇，从2017年至今"公共价值"和"风险感知"逐渐变为研究"邻避"的文章的热点话题。王佃利等认为价值层面的"邻避"问题是政府奉行的价值和社会奉行的价值之间缺乏必要的对话和共识而引起的公共价值失灵问题，因此，借助波兹曼的公共价值失灵模型，构建了"邻避"问题的公共价值失灵框架，研究了公共价值失灵在"邻避"问题中的产生与发展，提出了三种措施——吸纳多元主体偏好、综合运用补偿机制和制度机制、加强对项目运营方的监管来解决公共价值失灵的问题，达到解决"邻避"问题的目的。陶鹏等通过透镜模型量化认知决策的结果与方式，认为政府可以根据不同利益群体的认知与需求，依靠政府角色转换、环境政策转变和诉求渠道转型来改善公共政策系统，达到利益的协调和"邻避"冲突的治理。

外文样本关键词突现分析如表 2-4 所示。由 WOS 样本中的突现词更替可以看出，外文样本中第一个研究热度较高的词语是"risk"（风险），反映了国外学者是从风险的角度第一次对"邻避"现象进行研究的，很多对"邻避"现象的解释理论也是基于风险角度的，如 Rodney 等通过对比研究专家与公众（非专业人士）对放射性废物运输与垃圾运输风险感知差异，解释了存在风险认知差异是"邻避"冲突的一个重要原因。1998—2000 年，研究热词是"city"（城市）、"facility"（设施）、"nimby syndrome"（邻避症状），反映了人们开始认识到"邻避"现象易发生在城市设施建造过程中，一般这些设施会具有空间分布不均匀的负外部性，即设施附近负外部性最大，越远，负外部性越小，甚至具有正外部性，同时呈现出一些共同的典型的"症状"，即邻避症状。2006 年前后，研究热点词汇出现了"policy"（政策），表明研究人员对"邻避"问题的治理从依靠自治转向研究通过制定政策的办法来规范解决"邻避"问题。之后，随着"邻避"主体与公共政策主体的结合。对"邻避"问题研究的热度迎来了高潮，之后 7 年左右，有关"邻避"问题的文章数量急剧增加，研究人员对"邻避"研究的热点词汇增加了"nimbyism"（邻避主义）、"perception"（感知）、"place attachment"（场所依赖）等，这是一种转变，表现了研究人员从表象分析"邻避"问题转为加入更深入的相关主体来分析"邻避"问题，同时引入了认知学、心理学的概念。本地社会和环境心理学理论认为新的发展破坏了原有的情感依恋并威胁到与地方相关的身份认同过程时，就会产生场所依赖，在此基础上，国外学者采用了社会建构主义（social constructivist）的观点，借鉴了社会表象理论（social representation theory），提出了一个场所变化的框架，包括意识、解释、评估、应对和行动的各个阶段，对"邻避"主义的行为进行了再解释。2014—2015 年发文数量减少，2016 年后"邻避"问题相关文章数量又急剧增加，这一阶段的研究热词是"renewable energy（可再生能源）、project（项目）、nimby conflict（邻避冲突）"，表明了随着能源结构的优化，可再生能源变为人类重要的能源来源，人类对与可再生能源设施相关的"邻避"问题越发重视。Olson-Hazboun 等的研究分析了美国落基山脉地区经历风能开发的 5 个社区的调查数据，结果表明，公众对可再生能源的支持受环境信念的影响小于受经济效益的影响和对景观影响担忧的影响，最终结果表明对可再生能源设施的影响不仅是一个环境问题，更是一个社会问题。

表 2-4　外文文献中突现强度排名前 20 的突现词

关键词	引用突现强度	突现时间段（年份）	
impact（影响）	6.36	2020	2021
facility（设施）	6.07	1998	2005
opposition（反对）	5.59	1999	2008
public acceptance（公众接受）	4.85	2018	2021
risk（风险）	4.14	1993	1999
fairness（公正）	3.94	2010	2015
conflict（冲突）	3.88	2020	2021
perception（感知）	3.75	2011	2014
place attachment（场所依赖）	3.65	2013	2015
policy（政策）	3.56	2006	2014
participation（参与）	3.55	2018	2019
farm（养殖场）	3.47	2011	2015
nimby syndrome（邻避症状）	3.46	2000	2005
renewable energy（可再生能源）	3.31	2016	2016
city（城市）	3.16	1998	2010
attitude（态度）	3.13	2007	2012
nimbyism（邻避主义）	3.12	2010	2012
project（项目）	3.12	2016	2019
nimby conflict（邻避冲突）	3.09	2016	2021
support（支持）	2.98	2015	2016

3　中国环境"邻避"问题的特征

3.1　中国环境"邻避"问题的发展历程

我国环境"邻避"问题的发生和演变与国家工业化和城镇化进程、污染防治治理水平、公众环境保护意识和参与意愿的发展变化有着密切联系。正是这些因素的综合作用，决定了"邻避"问题的性质、程度和发展方向。总体来看，我国环境"邻避"问题的发展历程大致可以分为四个阶段。

3.1.1　环境"邻避"问题开始酝酿潜伏（20 世纪 90 年代至 20 世纪末）

前期粗放型发展模式导致的环境问题开始凸显。20 世纪 90 年代起，我国改革开放和现代化建设进入新的发展阶段。"九五"计划期间，我国顺利完成了社会主义现代化建设的第二步战略目标，在 1997 年比预期目标提前 3 年实现了人均国民生产总值比 1980 年翻两番的目标，人民生活总体上达到了小康水平。这一时期，第二产业占国内生产总值比例保持在 46%左右的高位，城镇人口数量由 1992 年的 3.2 亿人增长至 1999 年的 4.37 亿人。

经济社会发展取得显著成绩的同时，前期粗放型发展模式带来的负面环境影响也逐渐凸显，环境污染开始呈现出"集中性、结构性、复杂性"的特征，发达国家上百年工业化过程中分阶段出现的环境问题在我国集中出现，环境质量从"局部恶化、整体发展"转为"局部改善、整体恶化或恶化势头尚未根本转变"。一些长期积累的环境问题尚未解决的同时，新的环境问题又不断产生，个别地区环境污染和生态恶化已经到了相当严重的程度。这些生态破坏和环境污染不仅造成了巨大的经济损失，也给人民生活和健康带来严重威胁，日益成为民生之患、民生之痛。

严峻的环境形势促进了公众环保意识的觉醒。日益严重的生态环境问题得到了政府和社会各界的普遍关注，一系列妥善处理发展和保护关系的理念和制度开始出现。1992 年联合国环境与发展大会之后，中国在世界上率先提出了《环境与发展十大对策》，第一次明确提出转变传统发展模式，走可持续发展道路。随后，中国又制定了《中国 21 世纪议程》《中国环境保护行动计划》等纲领性文件，提出了我国可持续发展的总体战略、对策及行动方案，确定了污染治理和生态保护重点，加大了执法力度，积极稳步推行各项环保管理制度和措施。这一阶段，公众参与环境保护工作被提上了议事日程。1994年，《中国21世纪议程——中国21世纪人口、环境与发展白皮书》发布，强调通过广泛的宣传、教育，提高全民族的可持续发展意识，促进广大民众积极参与可持续发展建设，为我国环境保护公众参与机制制定了全面系统的目标、政策和行动方案。

总体来看，这一阶段我国环境问题越发严峻，环境污染集中显现，随着环保管理制度和措施的陆续确立，环境保护开始进入公众视野，公众开始关注环境污染对自身生活和健康带来的现实威胁，"邻避"暗流开始涌动，但受制于相对较小的环境污染影响范围和相对闭塞的信息传播途径，环境问题还不具备诱发次生社会风险的条件。

3.1.2　环境"邻避"问题零星出现（21世纪初至"十一五"初期）

公众生态环境诉求增多，因个人、私密空间遭受环境侵害导致的环境维权行为激增。进入21世纪，环境保护的理念和行动开始引发公众广泛关注，公民生态环境意识日益觉醒，很多公众逐渐意识到良好的生态环境的重要性，对良好生态环境的诉求普遍增多，环境维权事件开始发生，北京、广州等地居民环境维权行为出现激增态势。《全国环境统计公报（2000年）》显示，2000年全国因环境问题直接到环保局信访的数量较1999年上升了63%，达到了6.2万件。另据中国环境文化促进会发布的2005年中国公众环保民生指数显示，公众环境关注度和实际环境行为之间的割裂还比较严重。

重大突发环境事件推动了政府、企业、公民对环境问题的思考进入新高度。2005年，中石油吉林石化发生爆炸造成松花江水质污染，给松花江沿岸特别是大中城市人民群众生活和经济发展带来严重影响，受到国内和国际社会各方极大关注。2005年11月13日，中石油吉林石化分公司双苯厂苯胺车间发生剧烈爆炸，100吨左右具有强致癌性的苯、硝基苯等流入松花江，顺江而下，直逼哈尔滨市。11月21日、22日，哈尔滨市政府先后发出三次停水公告，但是没有说明三次公告的原因。这些停水公告发布后流言四起，哈尔滨市民开始陷入恐慌，不少市民抢购食品、饮料，一些人露宿室外。11月21日17时，全市饮品被抢购一空，市民情绪出现失控苗头。一些市民开始选择逃离外地，出城道路一度拥堵。经过各方努力，直至11月27日，哈尔滨市区才恢复供水。危机消退后，水污染事件后期遗留问题成为新的焦点，黑龙江电视台将报道重点由应急防控转移为环境评估、松花江流域的中长期治理，邀请专家、领导做客演播室，以电视媒体独有的权威形象争取民心。随后，"松花江水污染事件"所造成的社会影响逐渐平息。

这件给公众日常生活造成重大影响的事件直接促成了公众走上环境保护"大舞台"。2006年2月，国务院发布《国务院关于落实科学发展观　加强环境保护的决定》（国发〔2005〕39号），明确要求对涉及公众环境权益的发展规划和建设项目，要通过听证会、论证会或社会公示等形式，听取公众意见，强化社会监督。同月，我国环保领域第一部公众参与的规范性文件《环境影响评价公众参与暂行办法》实施，正式把公众意见纳入决策考量，公众参与成为解决中国环境问题的重要途径。

环境"邻避"问题苗头开始在城市社区零星出现。在这一时期，城市社区开始出现少量"邻避"冲突，商业房地产的私人产权及其昂贵的价格使城市公众对社区居住环境更加关注和敏感，保护财产权利的意识也不断提高。在这种条件下，在城市中出现越来越多的围绕着住宅而产生的冲突和维权行动。这种观念和行动在"邻避"设施建设上得到了充分表现。在一些地区的信访案件中，已开始出现"抗议周边建设加油站、加气站、垃圾焚烧厂"等环境"邻避"类信息，但维权行为整体仍相对理性，因公共环境侵害造成的实际维权运动（事件）寥寥无几。

综合来看，这一时期我国工业化、城市化进程迅速推进，环境状况持续恶化，公众环境维权意识开始觉醒。"松花江水污染事件"后，一系列政策文件对公众参与环境保护作出专门规定，公众对环境问题的关注度进一步提高，对环境知情权更加看重，环境管理事务参与度显著提升。环境"邻避"问题已在信访案件中开始显现，但整体而言，公众对环境问题的关注还未转化为实际的环境行动。

3.1.3　环境"邻避"问题爆发凸显（"十一五"初期至"十三五"初期）

经济社会发展取得新进步，环境质量持续改善，但环境污染防治压力仍然居高不下。2000 年前后，我国还是世界第七大经济体，2007 年超越德国成为世界第三，2010 年，我国国内生产总值排名一跃而上，超越日本成为世界第二大经济体。2016 年，我国国内生产总值突破 74 万亿元，中等收入群体持续扩大，人居生活水平显著提升。公众在物质生活获得较大满足的同时，对优美生态环境的需要也越发迫切。

2013 年，《大气污染防治行动计划》出台，中国成为全球第一个大规模开展 $PM_{2.5}$ 治理的发展中国家。经过不懈努力，我国大气环境质量明显改善，到 2016 年，全国 338 个地级及以上城市中，84 个城市环境空气质量已达标，338 个地级及以上城市平均优良天数比例为 78.8%。京津冀 $PM_{2.5}$ 平均浓度下降至 71 微克/米^3；水环境质量方面，国家地表水考核断面中，Ⅲ类水体以上比例已增加到 67.8%，劣Ⅴ类水体比例下降至 8.6%。污染防治取得的巨大成效，《第二次全国污染源普查公报》显示，2017 年二氧化硫、化学需氧量、氮氧化物等污染物排放量比 2007 年分别下降了 72%、46% 和 34%。

与此同时，环境治理仍然面临诸多难题。新型工业化、城镇化、农业现代化尚未完成，产业结构"偏重"、能源结构"偏煤"、产业布局"偏乱"，经济总量增长与污染物排放总量增加尚未脱钩，污染物排放总量依然处于高位。发展方式粗放、产业结构"偏重"，城镇化快速扩展，长期积累的环境问题仍未得到全面解决，区域性、结构性、布局性环境风险日益凸显。重污染天气、黑臭水体、垃圾围城已经严重影响人民群众生产生活，老百姓意见大、怨言多，部分环境问题甚至成为诱发社会不稳定的重要因素。

公民环保意识大幅提高，公众参与氛围更加浓厚。公众对美好生态环境的需求日益提升，环境保护成为公民日常热议话题之一。特别是 2013 年，京津冀地区出现长时间重污染天气，对人们的生产生活造成极大影响，重污染天气备受关注。作为推动环保事业发展和进步的重要力量，环保社会组织数量显著增多，活动日益频繁。据民政部《社会服务发展统计公报》统计，2016 年全国已注册环保社会组织数量达到 6 000 余家，较 2005 年翻了一番。公众参与环境保护氛围更加浓厚，环境维权意识显著增强，以举报、投诉等方式维护自身环境权益成为普遍现象：2013—2016 年，环境保护部"12369"群众电话及网上环保举报受理件数分别为 1 960 件、1 463 件、14 864 件和 263 009 件（图 3-1）。这一时期，我国公众参与生态文明建设的热情不断高涨，积极介入政府生态治理过程成为公众参与的主要特征，公众的参与能力日益增强，甚至倒逼政府的生态治理改革。

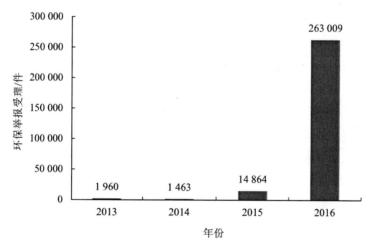

图 3-1　2013—2016 年"12369"投诉举报受理情况

污染治理久治未绝，环保设施"污名化"现象开始显现。一些建设时间久远的垃圾焚烧发电厂、垃圾填埋处理场、污水处理厂，因工艺技术落后、管理体系混乱，存在各类超标排放问题，工业噪声、恶臭、水体污染等给当地居民造成严重影响。一些项目虽然技术先进、管理体系合理，但存在"达标扰民"情况，环境治理和公众满意之间还有差距。部分既有项目的环境问题久拖未决，透支了公众对于此类项目建设落地的信任，环保设施"污名化"在较大范围内开始出现。随着城市建成区、部分村镇人口密度不断加大，垃圾问题越发严峻，部分地区"垃圾围城""垃圾围村"现象日益突出，进一步加剧了环境影响。

综合来看，这一时期我国工业结构调整阵痛显现，企业生产经营困难增多，工业运行风险逐步显现，出现企业创新能力不足、产业结构不合理、发展环境亟待优化、国际竞争日益激烈的复杂形势，PX 项目、核电等大型工业项目建设进度缓慢，严重影响了产业健康发展，"十三五"期间仅有一个 PX 项目开工建设。另外，工业化、城镇化压缩性、追赶型发展带来的环境问题历史欠账在短期内集中爆发，虽然环境治理取得了显著成效，但生态环境的恶化导致和加剧了部分公众在参与生态文明建设时出现无序和极端的特征。同时，信息化技术的飞速发展使得公众参与环境保护的途径大大拓展，公众获取环境信息的方式更为便捷，对于自身生存环境质量提升的需求更加突出，对各类环境侵害行为的容忍阈值逐渐降低，"污染""雾霾""偷排"等词语频繁出现在网络热搜词汇中，客观上给网络谣言、负面舆情创造了传播条件。特别是垃圾焚烧发电等群众身边项目和 PX 项目、涉核等涉及国计民生的重大项目，因具有工艺复杂、风险突出等先天属性，又长期得不到有效科普宣传，导致公众对于这类项目的抵制情绪十分明显，现实社会的矛盾积聚将通过不规范的表达渠道转变成公共事件，从而挑战政府的治理权威。

环境"邻避"问题凸显，一系列重大"邻避"事件爆发。这一阶段，一大批涉及国计民生的 PX 项目、垃圾焚烧发电等公共基础设施纷纷"上马"，"邻避"风险越发突出并进入凸显期。相关研究表明，我国规模以上"邻避"事件最早出现在 2003 年，2009 年环境"邻避"事件数量达到阶段性新高，出现 13 起，2014 年达到 15 起，2015 年下降到 5 起，但 2016 年又频频发生，事件数量达 11 起。此阶段，如 2007 年厦门 PX 项目事件、2011 年大连福佳大化项目事件、2013 年昆明 PX 项目事件、2014 年茂名 PX 项目事件、2016 年仙桃垃圾焚烧发电项目事件等一系列"邻避"事件接连发生，对经济发展和正常生产生活秩序造成严重冲击，甚至使一些地方政府陷入"塔西陀陷阱"。我国"邻避"事件数量变化见图 3-2。

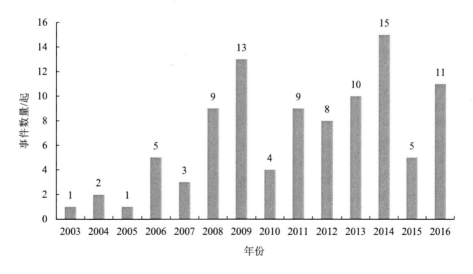

图 3-2　2003—2016 年我国"邻避"事件数量变化趋势

3.1.4　环境"邻避"问题得到初步遏制（党的十九大以来）

生态文明建设加快推进，生态环境质量明显改善，增强了公众优美生态环境获得感。2017 年 10 月，党的十九大顺利召开。习近平总书记在党的十九大所做的报告全面阐述了加快生态文明体制改革、推进绿色发展、建设美丽中国的战略部署，为未来中国推进生态文明建设和绿色发展指明了方向。2018 年 5 月 18 日，习近平总书记在全国生态环境保护大会上发表重要讲话，提出新时代推进生态文明建设的原则，强调要加快构建生态文明体系。这次大会正式确立了习近平生态文明思想，为新时代生态文明建设提供了根本遵循和实践动力。

在习近平生态文明思想的科学指引下，通过各地各部门的共同努力、全社会广泛动员参与，我国生态文明建设取得了显著成效。2021 年国民经济和社会发展计划中生态环境领域 8 项约束性指标顺利完成，污染物排放持续下降，生态环境质量明显改善。全国 339 个地级及以上城市空气优良天数比例为 87.5%；$PM_{2.5}$ 浓度为 30 微克/米^3；臭氧浓度为 137 微克/米^3，连续两年实现 $PM_{2.5}$、臭氧浓度双下降，超标天数比例双下降。全国地表水优良水质断面比例为 84.9%，同比上升 1.9 个百分点；劣 V 类水质断面比例为 1.2%，同比下降 0.6 个百分点；单位 GDP 二氧化碳排放指标达到"十四五"序时进度要求；氮氧化物（NO_x）、挥发性有机物（VOCs）、化学需氧量（COD）、氨氮等 4 项主要污染物总量减排指标顺利完成年度目标。污染防治攻坚战阶段性目标任务高质量完成，人民群众真切感受到了环境就是民生，青山就是美丽，蓝天也是幸福。

"邻避"问题有所缓和，风险频发、多发态势得到了初步遏制。日益严峻的"邻避"问题形势得到了各级党委、政府的高度重视，"邻避"问题防范与化解各项工作全面启动并走向深入。各地积极将"邻避"问题防范与化解工作同做好空间规划、行业准入、监管执法、舆情应对、群众工作等日常工作相融合，加快推进"邻避"风险防控。

这个阶段，"邻避"事件仍然时有发生，如 2017 年，海南万宁、广东清远、山西夏县、湖南隆回等地先后爆发了因垃圾焚烧发电项目引发的"邻避"事件；2018 年，广东茂名、湖南湘潭、辽宁鞍山等地因垃圾焚烧发电项目建设爆发了"邻避"冲突；2019 年，湖北武汉、广东云浮、贵州贵阳等地垃圾焚烧发电项目建设引发了"邻避"冲突等。2020 年，"邻避"事件数量虽然有所增加，但与"十三五"时期之前相比，事件规模、反应烈度明显缩小。2020 年 4 月—2022 年 4 月，仅发生 4 起"邻避"事件，均未发生造成较大社会影响。

3.2　环境"邻避"问题发生发展的主要影响因素

环境"邻避"问题的产生，是产业经济、生态环境、社会人文等多因素共同作用的结果，其发生发展变化，也必然呈现与国家一段时期内的经济社会发展水平相适应的特征。

日本是东亚地区最先实现工业化的国家，20 世纪五六十年代，伴随日本经济迅速崛起，环境污染危害健康成为重大的社会问题。"应该建设垃圾焚烧厂，但请离我家远一点"这一"邻避"困境在日本建立垃圾焚烧厂初期同样存在。早期日本垃圾大多采用填埋的办法，但不久就发现填埋场周边环境日益恶化。地方政府期望建立垃圾焚烧厂以应对迅速增多的城市垃圾。居民虽然认同政府垃圾焚烧的办法，但并不愿意在自己的居住区域附近修建垃圾焚烧厂，因此不断出现阻挠政府修建垃圾焚烧厂的做法。一个典型的事例就是 20 世纪 60 年代东京杉并区清扫工厂建设中发生的所谓"东京垃圾战争"。为解决垃圾处理问题，1966 年 11 月东京公布暂定杉并区高井户地区作为选址地，周边居民马上开始了抗议活动，土地所有者提起诉讼，要求取消已经批准的城市计划项目。为此，杉并区的垃圾不得不运往江东区的梦之岛垃圾填埋场进行处理，进而又引发两地居民及政府长达三年的"垃圾战争"。

美国 20 世纪 60—80 年代是不折不扣的"邻避"时代，"邻避"运动愈演愈烈，由垃圾填埋场等设施选址建设引发的冲突越来越多。1980—1987 年，美国共有 81 家垃圾填埋设施申请建厂，由于认为在垃圾填埋场选址问题上受到不公正待遇等原因，发生了多起群体性事件，最终仅有 6 家成功建设和运营。和日本一样，早期爆发的"邻避"问题迫使美国投入了大量时间和精力开展研究，探索通过公众参与、地方立法等一系列措施来有效化解"污染性设施"类"邻避"问题。进入 21 世纪以来，越来越多"邻避"问题"开始围绕"非污染性设施"出现，如随着电子科技的发展，电子通信设施也日渐遭到社区居民的反抗；为当地带来众多的就业岗位的大理石采石场建设也遭到居民强烈反对。而其他如土地利用的开发方式、低收入居民的社区安置、戒毒医疗中心、流浪人口的收容所等设施的建立也常面临着社区居民正反两级对立的意见，无法得到妥善处理。业主委员会与社区协会通常会联合部分激进的居民，共同对抗"邻避"设施建设方与政府官员，使得此类设施的兴建陷入僵局。

从发达国家工业化、城市化的发展历程上看，环境"邻避"问题是社会发展到一定阶段的必然产物。一方面，随着工业化进程加快，经济结构发生变化，城市不断发展扩容，通过专业化、规模化来处理整个区域内大量的社会事务，从而提高经济效益和社会效率是必然趋势，垃圾焚烧厂、变电站、道路交通等"邻避"设施建设必将经历短期内大量增加的阶段，免不了产生多数人的公益与少数人的"私利"之间的冲突和矛盾。从环境经济学角度来看，冲突和矛盾主要源于边际收益、边际成本在"邻避"项目附近的居民和社会之间的不公平分配，也就是说，"邻避"项目公益性十分明显，可以为整个城市的民众生活带来福利或满足整个城市发展的需要，但给附近居民可能会带来环境风险，产生负外部性，而在项目受益地区产生正效益，如果没有进行相应的补偿，不可避免地会产生"邻避"抗争。此外，"邻避"项目先天存在环境污染和健康伤害风险，一旦失控，将导致生态环境破坏并影响居民身心健康。项目所在地承担着更多的环境风险甚至是实际侵害，不免产生自身是政策牺牲者和项目"不要建在我家后院"的心理，风险与利益不对称分配继而引发"邻避"问题。另一方面，社会公众文化水平和科学素养也在不断提高，在政治、经济和社会权利等方面诉求不断增多，当群众认为社会不公，感觉自身利益受到侵害时，会主动行使民主权利，强调自己的知情权、抗议权、求偿权。人民群众对政府事关公众利益的重大决策有了新期待、新要求，种种现实条件的出现也决定了环境"邻避"问题产生的客观必然性。

综合来看，"邻避"问题是人维护自身权益的"常情"，是理性经济人与非理性社会人纠结的结果。当前我国已经进入要乘势而上开启全面建设社会主义现代化国家新征程、向第二个百年奋斗目标进军的新发展阶段，我国发展仍然处于重要战略机遇期，机遇和挑战都有新的变化。在经济社会深度转型调整、城市化进程加速推进、公共基础设施的短板仍待补齐的现阶段，环境"邻避"问题还将在一定时期内成为城市化进程中面临的常态。

3.2.1　复杂的转型期社会矛盾

我国经过改革开放 40 多年的发展，已经逐步发展成为世界第二大经济体。经济的快速增长，引起了社会结构、经济体制、利益格局的深刻变化。一方面，我国社会主要矛盾已经转化为人民日益增长的美好生活需要和不平衡、不充分的发展之间的矛盾；另一方面，经济结构不合理、低端产能过剩、资源环境约束趋紧、人口红利减少、经济发展的后发优势递减等问题凸显，经济的快速增长与利益调整之间的社会矛盾日益突出，迫切需要按照高质量发展的要求，推动经济转型升级、持续健康发展。

目前，我国正处于体制转轨和社会转型的关键时期，利益主体多样化和价值取向多样化日益凸显，人们的思想活动呈现多变性和反复性，由此构成的以人民内部矛盾为主的社会矛盾呈多发性、多样性和复杂性，具体包括贫富差距、社会就业问题、社会差别问题、群体性事件问题等。我国发展转型中面临三方面的陷阱：一是"中等收入陷阱"[①]。

[①] 中等收入陷阱是指一个国家发展到中等收入阶段（人均国内生产总值 3 000 美元左右）后，可能会出现贫富悬殊、环境恶化甚至社会动荡等问题，导致经济发展徘徊不前。

改革开放使我国经济保持了持续高速增长，居民收入也不断提高，我国从一个人均不足 300 美元的低收入国家发展到一个中等收入水平的国家。在取得如此成就的同时，我国如何实现有效跨越，在稳增长、调结构、惠民生、促改革之间如何寻找平衡点，将至关重要。二是"修昔底德陷阱"①。面对我国的迅速崛起，美国、日本等旧霸权国家不断渲染所谓的"中国威胁论"，表示出我国的崛起会影响和威胁到其他国家的利益，即试图通过这种舆论减缓我国的发展速度或在国际舞台中孤立我国。三是"塔西佗陷阱"②。近年来，我国屡屡爆发的"邻避"事件，究其原因，公众对当地政府执政能力的不信任是重要因素之一。总体来看，"邻避"问题反映的是社会矛盾叠加，政治、经济、社会、文化、环境问题相互交织的新问题，一旦应对和处置不当，可能引发新的矛盾，甚至可能逐步演变为影响经济发展和大局稳定的社会问题。

3.2.2 高速推进的城镇化进程

随着城镇化的快速发展和人民生活水平日益提高，重大项目和环境基础设施布局速度进一步加快。以生活垃圾处置为例，我国城镇生活垃圾清运量仍在快速增长，据《2020 年全国大、中城市固体废物污染环境防治年报》显示，2019 年全国 196 个大、中城市生活垃圾产生量 23 560.2 万吨。生活垃圾处理设施处理能力不足、超负荷运行现象时有发生，大部分建制镇的生活垃圾难以实现无害化处理，由此衍生出的垃圾围城、跨区域偷倒垃圾等问题在近几年集中凸显，新建和扩建垃圾处理设施已经迫在眉睫。然而，垃圾焚烧厂、垃圾填埋场近些年接连遭遇选址难题。"垃圾处置很重要，但不能修在我家旁边"，"邻避"效应让部分垃圾处理项目陷入"一建就闹、一闹就停"的困境。生活垃圾处理设施是城市发展的刚性需求，如何破解"邻避"困局，成为亟须解决的一道难题。

"十四五"时期，我国经济社会发展仍需以涉及国计民生的重大经济建设项目布局建设为前提，重大项目和基础设施的"刚需"决定了"邻避"问题仍将长期持续存在。尤其是 PX 项目等重化工项目及垃圾焚烧等环境基础设施项目，容易引发公众不满。2018 年以来，广西、广州、福建、江西、湖南等地的生活垃圾焚烧发电项目相继引发"邻避"事件，影响项目推进速度；2020 年发生线下聚集的 57 起"邻避"事件中，31 起由生活垃圾处理项目引发。根据各地生活垃圾焚烧发电中长期专项规划，垃圾焚烧发电仍将在全国范围内广泛布局，垃圾焚烧发电仍将是"邻避"问题防范化解的重点领域。

---

① 修昔底德陷阱是指一个新崛起的大国必然要挑战现存大国，而现存大国也必然会回应这种威胁，这样战争变得不可避免。此说法源自古希腊著名历史学家修昔底德，他认为，当一个崛起的大国与既有的统治霸主竞争时，双方面临的危险多数以战争告终。

② 塔西佗陷阱得名于古罗马时代的历史学家塔西佗。这一概念最初来自塔西佗所著的《塔西佗历史》，是塔西佗在评价一位罗马皇帝时所说的话："一旦皇帝成了人们憎恨的对象，他做的好事和坏事就同样会引起人们对他的厌恶。"之后被我国学者引申成为一种社会现象，指当政府部门或某一组织失去公信力时，无论说真话还是假话，做好事还是坏事，都会被认为是说假话、做坏事。

3.2.3　累计叠加的环境问题

"邻避"问题说到底，是由于与公众相关的环境问题长期得不到解决，或环境风险未能有效消除，造成公众感知不悦、预期失衡，进而引发的社会问题，环境问题是"因"，社会风险是"果"。

我国环境问题大体可分为三个阶段。在 20 世纪 80 年代以前，植被破坏、水土流失和土地沙化对一些地区生产生活造成较大影响，环境污染还不严重；公众总体上还在谋求"温饱"阶段，对生态环境问题尚处于漠视和不关心的状态，甚至在 20 世纪 70 年代初，还出现过"社会主义计划经济不会产生环境污染"的"极左"认识。20 世纪 90 年代中期，随着生活水平提高和宣传教育工作的展开，公众的环境意识不断提升，公众参与环保的行为逐渐增加，这一时期，由于环境状况总体恶化加剧，许多地区的环境污染或环境突发事件对公众生产生活产生明显影响，部分居民的环境维权意识被动增强。进入 21 世纪，我国环境与社会的关系状况出现了三个显著新特征。一是进入全面小康建设阶段，公众的环境意识显著提高，将良好生态环境作为美好生活质量的一部分的认识和期待越来越明显，从过去求"温饱""生存"转为求"环保""生态"，这是环境与社会关系发展的一般规律。二是除了水污染、土壤污染的局部影响外，以雾霾为特征的大气污染在全国大范围内对公众的生产生活造成严重影响，公众对环境质量的不满情绪和对政府加大环保力度的要求强烈；同时，以 2005 年松花江水污染事件为标志，我国进入环境污染突发事件高发频发期，公众的环境维权意识普遍增强、维权行为普遍增多。三是以 2007 年厦门 PX 项目事件为标志，公众不但对现有的环境污染不满意，而且对可能造成污染的建设项目频繁做出激烈的反对行为，即明显进入环境"邻避"问题阶段，对正常的经济社会秩序造成严重影响，环境社会风险明显增大。

现阶段我国环境污染不仅体现了市场经济发展的一般规律，还受到我国市场化进程中特有因素的影响。目前我国的环境污染是市场化发展、工业化和城镇化急速迈进、全球化，以及我国政府干预经济模式下某些行为等诸多因素综合作用的结果。美国经济学家西蒙·史密斯·库兹涅茨于 1955 年提出环境库兹涅茨曲线（又称倒"U"曲线、库兹涅茨倒"U"字形曲线）假说，指出一个国家经济发展水平较低时，环境污染的程度较轻，但随着人均收入的增加，环境污染由低趋高，当经济发展到达某个临界点后，随着人均收入进一步增加，受产业结构调整和环境规制加强等影响，环境污染又由高趋低，环境质量逐渐得到改善，污染排放与经济增长之间就构成了一个先上升后下降的倒"U"形曲线。

党的十一届三中全会以来，我国经济快速发展，取得了令世人瞩目的成绩，目前已成为世界第二大经济体，环境污染问题也在很大程度上得到了遏制。特别是"十三五"

时期，我国生态环境保护工作取得了历史性成就，但整体上看，生态环境保护结构性、根源性、趋势性压力总体尚未根本缓解。以重化工为主的产业结构、以煤为主的能源结构和以公路货运为主的运输结构没有根本改变，生态环境治理任重道远。全国 337 个地级及以上城市 $PM_{2.5}$ 达标率仅为六成，即使达标，也是世卫组织过渡值第一阶段标准，低于发达国家实施的第二、第三阶段标准，空气质量总体上仍属于"气象影响型"。城市黑臭水体治理、农业农村污水治理还需加倍努力，噪声、烟气等污染问题增多。近年来，安全生产、化学品运输等引发的突发环境事件仍然处于高发期，不仅造成环境污染，处置不当也易引发次生的社会风险。生态环境部信访投诉举报数据显示，2020 年，共接到群众信访投诉举报 44.1 万件，反映出群众身边的突出生态环境问题仍然大量存在。

整体上看，当前我国还处于环境与经济博弈的相持阶段，生态环境质量改善从量变到质变的拐点还没有到来，不少地区生态环境问题还比较严重，环境风险隐患突出，与公众对优美生态环境的期待还有差距，一旦环境问题加剧，容易引发次生"邻避"风险。"十四五"时期，随着污染防治攻坚战转向"深入"以及"30 60"双碳目标的制定，我国将进入污染排放高风险"拐点"后半段，环境"邻避"问题将在更大程度上与诸多经济因素、社会因素交叉作用、耦合共生。

3.2.4　高度敏感的公众认知

当今，以"交互性与即时性、海量性与共享性、多媒体与超文本、个性化与社群化"为特征的新媒体时代已经到来。首先，新媒体、自媒体时代，网络信息发布速度极快、内容全面。由于不受出版周期的影响，新媒体可以在事件发生之后的极短时间内对突发事件进行报道，几乎等同于直播，时效性极强。这种特点满足了人们迫切希望了解突发环境事件进展的需求。其次，新媒体传播方式多元，在对突发事件进行报道时，除了文字、图片等传统媒体使用的信息传播方式之外，视频、音频、动画、动图等内容也能更直观、更方便地将事件真实情况传播给受众。这种方式让公众认为其内容比书面的转述更为直观。再次，我国网民规模体量巨大，据 2023 年 8 月中国互联网络信息中心发布的《第 52 次中国互联网络发展状况统计报告》显示，截至 2023 年 6 月，我国网民规模达 10.79 亿，较 2020 年 12 月增长 4 296 万，互联网普及率达 76.4%，我国网民使用手机上网的比例达 99.8%，短视频用户规模达 10.26 亿，占网民整体的 95.2%。网民与政府、媒体、其他网民之间的互动越发明显，这种交互传播为人际传播、组织传播和社会传播提供了前提和基础。有人形容超大基数的网民已成为中国"最大的政治压力集团"。

新媒体的快速发展使整个社会的信息传播和舆论方式发生了巨大而深刻的变化，网络舆情也演化为一种新的民意表达与社会力量。政府在新媒体时代面临的是高速传播的网络信息和空前开放的话语空间，这给政府网络舆情引导和治理带来巨大挑战。在生态环境领域，这一趋势也得到了数据验证，根据 2018 年《第 42 次中国互联网络发展状况统计报告》显示，环保举报首次跻身微信城市服务类型用户数 TOP10，用户总数已经超过 556 万，排名第 8。越来越多的人通过网络途径参与到生态环境保护话题中，并且呈逐年上升趋势，这既反映出公众对环保问题的关心和重视，也表明自媒体时代下，环境问题难以被掩盖，一旦环境问题难以及时有效解决，很可能首先反映在新媒体、自媒体上，并发酵形成"负面舆论场"。从另一个角度看，贫富之间、政府和公众之间、"精英"和"草根"之间的隔阂和摩擦仍在累积过程中，当遭遇"邻避"项目建设这一"导火索"，就会诱发不同利益集团之间的冲突。一些曾发生的"邻避"事件表明，敏感项目开工建设的信息容易被别有用心者利用，他们通过网络途径散布各种负面舆论甚至谣言，煽动公众的恐惧、非理性心理，短时间内就能在网络上形成不利的舆情倾向。此外，在"大众麦克风"时代，网络成为人们发表言论的重要场所的同时，也显著降低了社会动员成本，不法分子可通过 QQ 群、微信群、公众号、微博等新媒体平台迅速组织动员，煽动爆发"邻避"事件。新媒体的飞速发展，改变了传统的信息传播方式，加快了信息传播速度，拓宽了信息传播领域，也将公众对这些"邻避"设施的疑虑与担忧成倍放大，加剧、催化了"邻避"事件的发生可能。总体来看，新媒体时效性强的特点决定了环境"邻避"问题的网络信息关注度将不断上升，同时，由于网络信息的真实性难以评估，真相谣言交织，网络负面舆情迷惑性、煽动性也更加多样复杂，容易引发线下"邻避"事件。

除了自媒体时代网络舆情容易诱发"邻避"不稳定因素外，公众对自身健康权益的关注，也决定了"邻避"敏感性高。全面建成小康社会后，公众对提高生产生活环境质量要求更迫切，对生态环境问题容忍度更低，对关乎切身健康安全和环境权益的"邻避"项目关注度高、代入感强、容易触发敏感神经。特别是新冠疫情发生以来，公众维护自身环境健康权益的意识得到提高，对环境侵害的抗争意愿更加强烈，容易引发社会矛盾。

3.2.5　亟待提升的地方应对能力

"邻避"问题是现代化进程中出现的"新顽疾"，挑战着各地推动经济发展、环境治理、社会治理的态度和能力。一些地方在面对"邻避"这一新情况、新问题时，应对能力还存在一定的差距。一是"邻避"风险意识不强，在"邻避"项目建设中，出现规划不合理或缺失、选址未经充分论证、环评等程序有缺陷、公众沟通不充分、利益分享不到位等情况，面对"邻避"问题，尚存侥幸与回避心理，对"邻避"风险工作的重要性认识不足，对可能引发的不稳定因素估计不足、判断不够、警惕性不高。二是风险应对能力不足，缺乏处理"邻避"问题时的科学有效应对程序，尚未形成成熟、稳定、专业的技术力量，面对"邻避"问题往往采取叫停项目的方式进行妥协，导致"邻避"问题成为政府在公共事务管理中面临的不得不解决的一个难题。2016 年，湖北省某市市民上街反对垃圾焚烧发电项目，政府在冲突初始曾试图与市民对话，但收效甚微。次日，市政府决定暂缓建设，待进一步评估论证，征求广大市民意见后再行决定。当日下午，市政府再度发声，停止建设该项目，政府决策朝令夕改极大损害了公信力。三是现代公共治理决策机制和风险管控机制尚不完善，治理体系和治理能力相对滞后，发展理念还远不适应新形势、新任务的要求。长期以来，一些地方仍习惯于传统的管理主义，行政主导型决策方式，使得"邻避"项目陷入"一建就闹、一闹就停"的恶性循环。

3.3　解决环境"邻避"问题的基础

当前我国发展仍处于重要战略机遇期。2020 年 11 月，党的十九届五中全会审议通过《中共中央关于制定国民经济和社会发展第十四个五年规划和二〇三五年远景目标的建议》（本节简称《建议》），明确了以推动高质量发展为主题，以深化供给侧结构性改革为主线，以改革创新为根本动力，以满足人民日益增长的美好生活需要为根本目的，统筹发展和安全，加快建设现代化经济体系，加快构建以国内大循环为主体、国内国际双循环相互促进的新发展格局，推进国家治理体系和治理能力现代化，实现经济行稳致远、社会安定和谐，为全面建设社会主义现代化国家开好局、起好步的"十四五"时期经济社会发展指导方针和主要目标。未来一段时间，随着经济发展水平提升、国土空间布局优化、社会文明程度提升、环境质量持续改善、社会治理体系不断完善，环境"邻避"问题防范与化解工作将面临更好的经济、社会和环境基础。

3.3.1　经济高质量发展奠定了"邻避"问题防范的经济基础

发展是解决我国一切问题的基础和关键。只有坚持以经济建设为中心不动摇，坚持解放和发展社会生产力，才能为建设社会主义现代化国家、不断提高人民生活水平奠定坚实基础。《建议》强调，要形成强大国内市场，加快构建以国内大循环为主体、国内国际双循环相互促进的新发展格局。深化供给侧结构性改革，坚定实施扩大内需战略，使生产、分配、流通、消费更多依托国内市场，提升供给体系对国内需求的适配性，形成需求牵引供给、供给创造需求的更高水平动态平衡。新型城镇化是扩大内需的最大潜力所在。要推进以人民为核心的新型城镇化，通过深化户籍制度改革、增强公共服务能力、完善配套政策等加快农业转移人口市民化，促进大、中、小城市和小城镇协调发展。经济质量效益的提升，促使城乡居民收入、公共服务差距进一步减小，垃圾焚烧等公共基础设施质量和普惠性将进一步提升。随着重大项目和公共基础设施权益分配不平衡问题在很大程度上得到解决，"邻避"问题隐患也将在很大程度上消除。

3.3.2   社会治理体系不断完善奠定了"邻避"问题防范的社会基础

社会治理是国家治理在社会领域的体现。总体上说，社会治理涉及增进民生福祉、防范重大风险、维系平安稳定等内容。这些内容恰恰与国家治理的核心目标——国家长治久安、人民生活质量普遍改善，以及社会可持续发展高度相关。社会治理以"人民性"为基本准则，以"公共性"为核心追求，重点回应民众的需求和期待。习近平总书记曾阐述"最大同心圆""最大公约数"，其主要思想就是形成政府意志和人民意愿的无缝契合。做好"邻避"问题的化解，在一定意义上就是谋求政府、企业、公众和社会组织关乎"邻避"项目建设的公约数、同心圆。《建议》强调，要健全党组织领导的自治、法治、德治相结合的城乡基层治理体系，完善基层民主协商制度，实现政府治理同社会调节、居民自治良性互动，建设人人有责、人人尽责、人人享有的社会治理共同体。发挥群团组织和社会组织在社会治理中的作用，畅通和规范市场主体、新社会阶层、社会工作者和志愿者等参与社会治理的途径。共建共治共享的"邻避"治理格局，有利于准确、高效地处理新形势下因"邻避"项目建设引发的人民内部矛盾，保持社会和谐稳定。

3.3.3   环境质量的整体改善奠定了"邻避"问题防范与化解工作的环境基础

经过长期艰苦努力，我国生态环境质量持续改善，全社会生态环保意识大幅提高，生态文明理念深入人心。《建议》提出，要坚持"绿水青山就是金山银山"理念，坚持尊重自然、顺应自然、保护自然，坚持节约优先、保护优先、自然恢复为主，守住自然生态安全边界。深入实施可持续发展战略，完善生态文明领域统筹协调机制，构建生态文明体系，促进经济社会发展全面绿色转型，建设人与自然和谐共生的现代化。随着打好污染防治攻坚战走向深入，损害公众利益的环境污染和生态破坏事件管控力度将进一步加强，增进公众对生态环境保护事业的信任和信心，破除垃圾焚烧等"邻避"项目"污名化"的落后认知，减少因环境污染导致的"邻避"冲突。

第 3 篇　国际经验

4　美国化解"邻避"问题的经验启示

美国的环境"邻避"问题事实上是环境正义问题，两者拥有相似内核，均源自公众抵制、反对污染设施在邻近区域建设，重点关注的都是环境污染对人体健康、社会经济和文化等带来的负面影响。在环境正义问题中，公众、社会组织、企业和政府所扮演的角色、采取的应对方式也与"邻避"问题相似。美国在 20 世纪 80 年代经历了愈演愈烈的"邻避"运动，被称为"邻避时代"。其后通过十多年的实践，逐步探索出一整套经验做法，在化解"邻避"问题方面发挥了突出作用。

4.1　美国环境正义问题的起源及发展历程

4.1.1　美国环境正义问题的起源

20 世纪 80 年代在北卡罗来纳州沃伦县，抗议化学废弃物填埋示威游行拉开了环境正义运动的序幕。自 1978 年开始，数吨重、体积达 3 万立方米的被多氯联苯（PCBs）污染的土壤被非法倾倒在南卡罗来纳州长达近 400 千米的道路旁边。北卡罗来纳州政府因此决定在该州沃伦县建造一个填埋场。沃伦县的主要居民是非裔美国人（占当地人口的65%）和低收入的白人，使得此次事件首次将种族、贫困与工业废物处理的环境后果联系在了一起，引起了愤怒的当地居民的强烈抗议。在 1978—1982 年的抗争过程中，当地居民发起了两次诉讼，但法院坚持认为州政府决策中没有种族歧视的动机，从而作出了有利于州政府的判决，填埋场得以修建。1982 年，当装满有毒土壤的卡车驶进沃伦县时，居民们发起了历史上有名的"沃伦抗议"。他们躺在道路中央，堵住卡车，最后与警察发生冲突，造成 500 余人被捕，其中包括一名国会议员。

此次抗议引起了社会的强烈关注，将环境保护中的不公正现象暴露在广大公众的视野中。许多关注少数族裔社区问题的专业或非专业机构人士开始进行深入的调查和研究。1983 年，美国审计署对美国南部进行了工业废物填埋点与其周围社区种族和经济特征之间的关系调查，并发布了著名报告——《危险废弃物填埋场选址和周边社区种族及经济状况的关系》（*Siting of Hazardous Waste Landfills and Their Correlation with Racial and*

Economic Status of Surrounding Communities）。该研究报告覆盖美国东南部 8 个州，集中调查了该区域内的 4 个垃圾填埋场。调查发现，4 个目标填埋场中的 3 个都建在穷苦非裔美国人的社区。1987 年，基督教联合教会种族正义委员会（United Church of Christ Commission for Racial Justice，UCC CRJ）进行了全国范围的有毒废弃物分布与种族关系的调查，发布了调查报告《有毒废弃物和种族：危险废弃物所在地的种族和社会经济特点》（*TOXIC WASTES AND RACE: In The United States A National Report on the Racial and Socio-Economic Characteristics of Communities with Hazardous Waste Sites*）。这是第一份全国范围内的有关少数族裔社区危险废物的相关调查。报告指出，美国那些地方性不合理用地所坐落的领域，要比其他区域有更多的少数种族，且居民更贫穷。报告还认为有色人种比白人、穷人比富人要承受更大的环境风险，在环境问题方面存在不平等性。这种不平等表现在环境风险产业的选址上，而且环境法律法规的颁布、环境法律的执行等方面也存在着种族以及阶级歧视。

这两项里程碑式的研究及其他相关研究，均报道了社区人群的种族因素是决定有毒有害废弃物处置设施选址中最重要的考虑因素的不公正现象，因此，人们便将这类问题称为"环境种族主义"，即"基于种族或肤色对个人、群体或社区产生不同或不利（无论是有意还是无意的）影响的任何政策、做法或指令"。但很快，人们意识到受影响人群不仅局限于少数族裔，低收入群体的阶层属性也是重要因素之一，他们政治力量较弱，社会经济地位较低，使得他们在代议民主制度下无处发声。在以市场经济为导向的美国社会，他们的利益往往被忽略。因此，1990 年前后，美国环境保护局、国会都开始使用"环境平等"（environmental equity）这一术语。"环境平等"是指潜在的污染源及其对健康的影响，不应在穷人和少数族裔等特定人群中集中分布。环境平等在 1992 年以后被更具包容性的环境正义一词所替代。目前，依照美国环境保护局的规定，环境正义是指在环境法律、法规和政策的制定、适用和执行方面，不论其种族、民族、收入、原始国籍或教育程度，所有人都应得到公平对待并保证其有效参与其中。

4.1.2 美国环境正义问题的发展

美国公众对环境争议问题的广泛关注以及众多的研究结果推动了环境正义运动在美国各地的发展。环境正义组织的数量明显增加，环境正义运动组成人员更加多元，关注范围也不断延伸，思想观念更加多元开放，社会影响日渐扩大。从 20 世纪 90 年代开始，这场运动就超越了社区抗击有害垃圾污染的单一斗争，开始关心职业病、公共卫生、食品安全、土地利用规划及在住房、医疗、教育、交通等领域存在的歧视。1991 年美国第一次全国有色人种环境领导高峰会的 300 多个代表团中，既包括环境正义组织、民权组织、劳工组织、妇女组织和多个基金会，还包括绿色和平组织、环境保护基金会等主流环保组织。参加者包括黑人、印第安人、拉美裔和亚洲裔，他们来自各个行业，有社团领袖、普通居民、神职人员及教师，也有州长、国会议员等高级政府官员。会议议题也非常广泛，仅政策研讨而言，就包括"可持续发展与能源""能力培养""环境与军事""城市环境""影响环境决策""环境卫生""职业健康与安全""国际问题"等。这次大会体现了环境正义运动正在朝多种族的、跨文化的方向发展。

为了回应公众维护环境正义的强烈要求，美国联邦政府审时度势，开始对环境政策作出积极调整。例如，出台了一系列维护环境正义的法规和行政命令。1993 年，美国国会通过了《平等环境权利法》，该法肯定和支持"环境状况恶劣"的社区提出禁止修建废弃物处理设施的请求，并规定了相应的行政机关听证制度。

1993 年，美国环境保护局成立了美国环境正义顾问委员会（NEJAC），该委员会的代表来自社会各个行业和阶层，从最广大的范围对涉及公众的环境政策提出意见和建议。美国根据该执行令成立了环境正义跨政府工作小组（EJIWG），它包括 17 个联邦机构以及白宫办公室，目的是指导、支持和加强联邦环境正义以及社区活动。1994 年 2 月 11 日，美国总统克林顿签署发布了《第 12898 号行政命令——在执行联邦行动时为少数民族居民和低收入居民实现环境正义》。该行政令要求，联邦政府的各机构需要将环境正义考虑纳入其决策过程，即在关于少数民族群体和低收入群体的项目的政策制定、实施中，应确保少数民族和低收入群体获取更广泛的信息与实际参与，把实现环境正义作为自己的一个重要使命。此外，它还关注少数族裔和低收入人群的健康和环境条件，其目标是实现环境正义，在对人类健康或环境有重大影响的项目中促进非歧视。2010 年 9 月，奥巴马政府重新召集环境正义跨政府工作小组（EJIWG），召开内阁级别的会议。2011 年 8 月 4 日，环境正义跨部门工作小组签署了环境正义及 12898 号执行令谅解备忘录，并且通过了环境正义跨政府工作小组宪章。此后在 2012 年 2 月各联邦机构相继发布了环境正义战略。美国环境保护局还颁发了《关于把环境公正纳入环境影响和环境评估的指南》《公民利用联邦法律实现环境公正的指南》，以帮助美国公民维护环境公正。

4.2 美国防范与化解"环境正义"问题的主要做法

根据美国环境保护局的有关报告，1980—1987 年，美国全国范围内计划修建的 81 座危险固体废物处理场中只有 6 座顺利完成，公民的"邻避"抗争是主要原因之一。沃伦抗议促成美国环境保护局成立了"环境正义办公室"，美国将环境"邻避"问题作为公众基本环境权益和公众参与的一部分，纳入"社会正义"的理念及工作体系，力求从根本上解决环境风险及利益分配不公平、不平等及其衍生问题。其后通过十多年的实践，美国逐步探索出一套经验做法化解环境正义（即"邻避"）问题。时至今日，尽管美国的"邻避"事件也偶有发生，但数量大为减少，呈现的方式也相对平和、理性。

4.2.1　机制上，设置专门的组织机构和固定工作机制

一是设置专门的组织机构牵头开展工作。目前，美国大约有 30 个州成立了环境正义办公室相关机构。这些机构致力于帮助低收入人群、少数族裔、原住民等弱势群体，为其提供资金和技术支持，联合县政府、州政府、联邦政府、部落组织、社区、企业和研究机构，打造保护不同种族、肤色、收入群体免受环境健康损害的合作机制，减轻其受到的人体健康和环境影响的不平等对待，建立健康的可持续的社区。业务方向包括提升空气、水和土壤环境质量，保障居民在生活、工作、上学等各种活动中的环境安全等。其中，由"邻避"引发的环境权益损害或不平等对待问题是环境正义办公室的重要职能。美国环境保护局"环境正义办公室"联合美国联邦政府的另外 17 个部门和白宫办公室共同开展工作，每年听取不同部门汇报环境正义项目执行情况，引导联邦政府其他部门关注环境正义问题，在决策过程中倾听社区声音，促进实现环境正义。环境正义办公室还提供小额资助计划，如1994 年成立向基层 NGO 提供小额资助的"环境正义基金"，帮助其学习法律法规等。在技术支持方面，环境正义办公室出台了一系列计划、政策和技术方法提升社区工作能力，帮助社区厘清工作思路，精准识别影响社区实现环境正义的关键问题。

二是建立固定的工作机制开展工作。1993 年，美国环境保护局成立了美国"环境正义顾问委员会"。委员会由社区团体、企业、科研机构、州政府及基层政府、部落组织、项目所在地组织和 NGO 代表组成，负责向美国国家环保局提出可能涉及"环境正义"的项目、政策活动的意见建议。环境正义顾问委员会是独立机构，利益群体来源广泛，因而为不同群体表达观点并形成独立、清晰的意见提供了平台，成为公众合法表达个人诉求的常规性渠道。环境正义顾问委员会通过召开会议征集公众提交的各类意见、问题和建议，整理后形成报告提交美国环境保护局，支持、协助美国环境保护局履行环境正义战略。环境正义顾问委员会由 26 名成员组成，成员实行轮选制，以便为最广泛的利益群体提供尽可能多地参与机会。相关机构可以提出符合资格的人选参加顾问委员会或其下属机构的竞选，个人也可以自我推荐。

4.2.2　法治上，通过地方立法方式解决"邻避"问题

固体废物处置曾是美国"邻避"问题频发的主要领域，最终，地方立法成为解决"邻避"问题的有力保障。国家层面，于 1965 年、1970 年、1976 年、1980 年分别出台了《固体废物处置法》《资源回收利用法》《资源保护和回收法案》《综合环境反应、赔偿与责任法案》，通过立法规范"邻避"设施建设、运营以及公众参与方式。固体废物处置设施建

设属地方事权，因而这些设施的选址由地方政府通过立法决定。通常情况下，各州会将选址权交由各市自主决定，但也有个别州（如威斯康星州）是由本州内的固体废物设施选址委员会决定。目前，几乎所有的州都出台了有关固体废物选址的法律法规，规定了选址的程序及标准。在运营的环保要求上，各州相关法律法规中都明确了禁止污染空气、地下水的具体技术要求，如填埋场需铺设防渗膜、选址远离水体、选用最先进的环保技术和设施等。严密的固体废物处置法律法规为项目从选址到运营各环节的公众权益提供了保障，确保了项目全生命周期的环境正义。

专栏 2　美国城市生活垃圾地方立法经验及做法

美国自 1976 年颁布《资源保护回收法》，建立生活垃圾的产生、循环利用、运输、贮存、处理等方面的全国最低标准后，联邦政府仅发挥指导和监督作用，将实施管理的权力下放至各州，各州在满足最低标准的基础上出台适合当地的地方法规。具体做法和经验如下：

（一）地方城市生活垃圾管理法规集中且具体、可执行性强

与我国法律、行政法规、部门规章的层级体系不同，美国各州针对生活垃圾处理处置的规定通常集中在州立行政法典中的一到两个章节。以加利福尼亚州（以下简称加州）为例，加州法规汇编第 27 篇（环境保护）第 2 类（城市生活垃圾）中包括了针对城市生活垃圾所制定的所有内容，易于政府管理和企业合规。针对城市生活垃圾处理设施，各州的法律普遍从场址限制、运行标准、设计标准、地下水监测与整改行动、封场及维护、社区参与和信息公开等方面作了具体规定，可操作性强。

一是责任主体明确。垃圾处理设施的所有者和运营方均需承担合规责任。而我国往往强调责任和义务，对于责任和义务的主体要求不甚明确。

二是分级分类精细。每个处理场都必须依据其接收的城市生活垃圾特征和处理厂地理、水文、地形、气候及其水资源等因素进行分类，场内设备的选择也需根据垃圾特征进行单独分类，不同设施和设备有不同的要求。

三是法律要求具体。美国各州法规的内容要求十分具体，以加州垃圾设施防渗和覆盖建设质量保证条款为例，不仅明确了设计人员资质，而且对设施运行监测的采样频率、采样地点、分析手段甚至计算公式都有了明确的要求。

四是注重发挥市场作用。充分发挥许可、税收、抵押等经济杠杆作用。各州普遍实行计量收费制度（pay-as-you-throw，PAYT），对居民征收垃圾收集费，促进产生者承担社会责任；通过源头减量减少处置负荷，降低"邻避"风险。印第安纳州、新泽西州等对需要填埋的城市固体废物征收填埋费（税）。

（二）规划选址具有法律约束力，从源头预防"邻避"风险

美国的垃圾处理厂选址必须符合州总体规划和地方县市分区规划。州总体规划只明确废物处理应达到的目标，分区规划内容及边界清晰明确，既包括各类土地用途的区界地图，又包括各类用途和允许建设内容的标准化文本，并且由立法机构审核通过后以法令的形式存在，区划必须严格执行，如需调整修改，必须严格依照法定程序进行。

在符合规划的基础上，选址还要考虑禁止垃圾处理厂建设区和建议隔离距离。依据联邦法，垃圾填埋场禁止在机场、滩涂、湿地、断层区、地震带、不稳定区域建设，这与我国的相关标准规范要求类似。

建议隔离距离的设置是为了与其他区域之间形成缓冲区，是防范"邻避"纠纷的一项重要措施。例如弗吉尼亚州规定垃圾处置设施必须与水源地、学校、居民集中区等相距300米以上。有些州还规定必须在规划选址时考虑到拟选地址周围居民区的发展趋势。纽约等地创新选址程序，制定设施设置准则，鼓励通过"志愿程序"和"竞争选址"程序得出社区可接受的选址。

一些州还将累积效应纳入规划选址考量标准，以"反设施集中法"的形式限制城市生活垃圾处理设施过多地集中在弱势群体社区。例如阿肯色州禁止在影响较大的城市生活垃圾处理设施半径12英里①范围内再建同类设施。阿拉巴马州禁止一个以上的商业垃圾处理设施或处置场所位于一个县内。用法治化手段确保联邦政府、各州针对环境正义所做的各项工作都有章可循、有法可依。

（三）细化公众参与要求，保障弱势群体环境正义权益

美国各州对公众参与的形式、频率、对象和内容等进行了十分详尽的规定，主要体现在4个方面：①可能受影响的社区和人群有合适的机会参与到决策过程中；②公众贡献切实影响管理机构的决策；③在决策过程中所有参与者的担忧与疑虑均会被讨论或考虑；④决策者需主动寻求并扩大可能受影响人群的参与度。

为强化弱势群体公众参与，依据1994年发布的《第12898号行政命令——在执行联邦行动时为少数族裔和低收入居民实现环境正义》，美国在垃圾处理设施建设中也特别强调弱势群体的环境正义。加州法律要求在垃圾处理设施申请改建或新建设施委员会许可过程中，必须将低收入人群和少数族裔社区纳入决策主体，并且规定了席位为16：4。很多州特别是少数族裔和土著部落聚集的州，都出台了要求将公众参与通知用多语言进行公示的法规。华盛顿甚至专门成立了涵盖西班牙、韩语、中文和越南语的语言翻译小组，以便为可能受影响的社区和人群提供服务。

---

① 1英里=1 609.344米。

> **（四）推动补偿和纠纷解决法治化，维护受损民众权益**
>
> 美国于1998年制定了《环境政策与冲突解决法》，该法适用于含"邻避"冲突在内的所有冲突。在美国的区划规划经地方立法机构通过后，如果有人对开发项目不满，可向区划上诉委员会提出上诉，区划上诉委员会为公众诉求提供了有法律依据的沟通渠道。多年来，各级法院解决了大量的"邻避"冲突，司法公正对于"邻避"设施选址冲突的解决起到了良好的作用。
>
> 对于可能受影响的地区和人群，各州会对其给予其不同形式的补偿，包括现金补偿和非现金补偿。非现金补偿的形式包括：①实物补偿，即以拨款的形式增加社区的医疗、住房、教育等社会福利；②应急基金，即开发者承诺提供一笔基金来支付未来发生意外灾害或风险所造成的损害；③财产保险，为场址周围的不动产提供保险，防止因设施带来房产的贬值；④效益保障，建厂及运营阶段直接或间接雇佣地方的居民；⑤经济激励，计划所带来的消费可提高当地生活的品质。阿肯色州于1993年通过《在影响较大的城市生活垃圾处理设施选址中实现环境公平法》，明确要求处理设施的经营者在建设运行前要征得选址社区的同意，并向社区提供一系列补偿，包括增加就业机会，支付补偿费（hostfees），赞助社区基础设施建设。

4.2.3　制度上，不断规范公众参与工作

美国联邦政府层面出台了专门的公众参与导则，导则规范了公众参与的范围、对象、程序、内容，提供了公众参与的方法、案例甚至自学课程。在具体操作上主要由各州的法律来规定。通常的程序是地方政府提出区域规划和设施选址的草案，公众提出意见后由政府最终决策。如果规划方案需要调整，仍由地方政府征求公众意见后最终决策。包括加利福尼亚州、纽约州在内的约15个州制定了州级环评法，利用环评制度开展设施选址过程中的公众参与，其他没有环评法的州则专门制定了公众参与法，用于规范区域规划和设施选址过程中的公众参与。

4.2.4　方法上，运用大数据手段开发环境正义筛查工具

美国各级政府在20世纪后半叶遭遇环境正义问题后，积极运用信息化的手段开发识别预警系统，建立了覆盖全国地域，包含环境、社会和人口全方位影响因素的环境正义地图筛查工具，取得了显著成效。具体效用包括：①提前识别敏感群体及潜在风险，发挥环境正义问题预警作用；②辅助环境政策制定，推动重点项目立项决策；③信息公开透明，帮助政府、社区群众等多方正确认识和感知风险；④不断拓展应用场景至环境社会治理新领域，创新环境管理手段。筛查工具在摸清环境正义底数，辅助决定"邻避"

项目选址等决策过程中发挥了重要作用。

专栏 3　美国环境正义地图筛查工具的构建和应用

（一）环境正义地图筛查工具的开发应用

美国环境正义运动兴起后，联邦政府和州政府开始尝试开发相关辅助决策工具。2015 年，美国联邦政府发布了 EJSCREEN（环境正义筛查和作图工具），其分析数据可供美国全境使用。目前，美国已有 11 个州上线了环境正义筛查工具。这些工具全部面向公众无偿使用，有力支持了美国环境正义领域的研究、评估和政策制定，助力监督现有环境正义项目的实施情况，帮助那些可能被忽略的重点区域进入政府视野，让政府、公众和各利益相关方能够科学、有效、全面、清晰地识别美国环境正义问题的整体和局部。

（二）环境正义地图筛查工具的内容

指标体系。美国各级环境正义地图筛查工具总体基于环境质量风险指标和人口统计指标构建环境正义指标体系，依托 GIS 手段建立可视化、可交互地图。联邦、各州之间在指标细节上有所差异。联邦政府 EJSCREEN 的环境正义指标由环境质量风险指标和人口统计指标两部分组成。其中 11 个环境质量风险指标可按特点归为三类：①潜在环境污染暴露风险，如 $PM_{2.5}$、臭氧和铅污染水平等；②与重点污染源的距离，如交通要道、国家优先治理污染场地、危险废物处理处置设施风险管理设施等；③人口健康风险，如致癌风险、呼吸道致病风险、神经发育障碍风险等。6 个人口统计指标可按特点归为分为两类：①敏感人群分布，如老人、儿童等；②社会经济特征，如受教育水平、收入水平、就业率、语言水平等。这些指标的选取主要遵循：①该指标高分辨率数据（精细到街区级）的可获得性；②覆盖全国/州的该指标数据的可获得性；③该指标在美国公共健康领域是否属于被重点关注的污染物或影响因素。

指标计算及结果表达。在环境和人口特征指标的基础上，EJSCREEN 通过公式将两类指标组合计算出选定区域的 11 种环境正义指数排位百分数，并精确到街区级别。选定区域排位百分数由该区域环境正义指数与全美或全州环境正义水平相比较得出。排位百分数越大，则表示存在环境正义问题可能性越高。依据计算结果，EJSCREEN 可生成标准化报告（standard report），进一步提高了其分析结果对公众的可读性、可利用性。

州政府的特色做法。各州政府也积极开发具有地方特色的环境正义地图筛查工具。如最早开始开发工具的加州所推出的环境筛查地图 3.0（CalEnviroScreen 3.0），对公众身体健康状况有更深的挖掘，指标中包括低体重儿、哮喘人群以及心血管疾病高发人群在选定区域内的数量。而华盛顿州在 2019 年最新推出的环境健康差异地图所用的指标体系则更加完备，在社会经济因素方面加入了住房困难情况、交通拥挤度、失业率和失学率，并且可以进行累积效应分析（cumulative effect），识别同时受到多种化学物质、污染源、公共卫生健康等问题相互叠加困扰的敏感人群。

（三）环境正义地图筛查工具的主要应用

一是提前识别敏感群体及潜在风险，发挥环境正义问题预警作用。环境正义地图筛查工具最基础的应用在于提前识别某一划定区域内的环境正义群体，对其环境、社会经济和人文处境进行分析研究，这样的分析有利于提前发现潜在的风险隐患，及时采取针对性的对策。例如，爱达荷州交通局对每一项交通基础设施建设项目都会运用地图工具进行环境正义分析，根据项目的复杂程度调整分析的内容，及时预警风险，并对分析识别出来的社区或群体进行走访、举办社区听证会，加强对他们处境、建议和意见的考量。

二是辅助环境政策制定，推动重点项目立项决策。地图筛查工具有助于将环境正义理念整合渗透到政府政策制定的过程中。例如，2017 年加州政府在"气候社区改革计划"中用地图筛查工具筛选出环境正义社区名单，并对这些社区拨款 6 亿美元用于建设交通基础建设和清洁能源项目，使用加州碳排放交易项目的收益对州内最贫困弱势的地区给予公共卫生、生活质量和发展机会上的帮助。环境正义筛查工具还被政府运用到各类重大项目决策和管理过程中。在北卡罗来纳州，大型石油、能源、建筑工程等项目在获取大气污染排放许可证前必须由州环境质量局出具环境正义报告并进行社区听证。环境正义报告的内容中的主要数据来源于 EJSCREEN。

三是信息公开透明，帮助政府、社区群众等多方正确认识和感知风险。筛查工具中的海量数据有助于环境正义信息宣传和科普教育，可视化效果则可直观展现原本复杂多样的环境正义问题。通过公开的筛查工具，政府官员工具可以对规划建设区域的环境问题和波及人群有综合且具体的认知；社区群众得以更加了解政府的工作与成效。官方、科学的数据可以有效取代模糊的感知风险，帮助公众对项目或政策正确认识，在群众监督环节发出更合理、更科学、更理智的声音，利于政府和公众之间在事实层面达成一致，为环境正义合理诉求提供科学支撑。

四是将应用场景拓展至交通、气候、绿色设施等新领域。经过几十年的发展，环境正义问题不再局限于传统的水、大气、土壤污染，在美国，更多的人开始关注交通网络、气候变化、绿地面积甚至保障性住房的环境正义问题。环境正义地图筛查工具依靠庞大的数据源，在应对新问题、新领域上能够发挥其用武之地。此外，工具本身所吸纳的人口、社会和经济数据及其所构建出的评价体系在环境正义以外的领域也有着广泛应用，有关学者运用这些数据进行了环境、人体健康以及社会发展协同进步等更广阔领域的研究。

> 除展示环境正义水平外，美国国家环保局还将其他重点污染数据库与 EJSCREEN 对接，用户可以查询超级基金项目、有毒有害企业、危险废物处置地、棕地、环境正义项目的地理位置和远近距离，在图上更加直观地表现重点污染源的影响。用户甚至还可以通过平台接口直接获取来自各类信息源的数据地图，支持多元化研究需要。

4.3　美国经验对我国应对"邻避"问题的启示

与已基本完成城市化的美国不同，我国还处于城镇化进程快速推进、公共基础设施大力建设时期。国家统计局数据显示，2022 年末我国常住人口城镇化率为 65.22%。城镇化快速推进中，社会发展需求与公众权益极易发生冲突，"邻避"问题多发、易发。新时期亟须防范重大风险，推动项目落地，实现社会经济发展的同时维护社会稳定。然而，我国不少地区在应对"邻避"问题时，仍以管控理念为先，还未真正形成妥善处置"邻避"问题的法治化、制度化路径，政府、企业、公众等多元社会主体有序参与的规则意识亟待建立。

4.3.1　既要重视短期内"邻避"风险应对，也要谋划中长期环境社会治理举措

治理"邻避"问题要注重近期目标和长期目标相结合。从近期看，当前我国城市化进程加速推进，公共基础设施建设的短板亟待补齐，而多发、频发的环境"邻避"问题将成为发展越发凸显的制约因素。在此背景下，应将化解"邻避"冲突、保障群众利益、推动公共基础设施建设和涉及国计民生的重大项目落地、维护社会稳定作为现阶段治理"邻避"问题的首要和优先目标。从长远看，环境"邻避"问题本质上往往涉及公众的环境权益维护和公众参与的基本问题，现有举措仍带有比较浓厚的"管理"的色彩，并未将维护公众环境权益真正纳入各级政府职能，治标有效，治本乏力。美国的经验是从联邦到州、市已经将"邻避"问题作为公众基本权益的一部分纳入"环境正义"理念及工作体系，作为环保部门及其他行业管理部门的本职职能，保障公众得到公正、平等的环境权益。我国应尽快开展有关环境社会学问题研究，探索将"邻避"问题等涉及公众环境权益维护的工作纳入政府职能，进行常态化、制度化的理论和政策课题研究，从根本上推动解决"邻避"问题。

4.3.2　建立健全适合中国国情的组织机构和工作机制

在体制内，可以借鉴美国国家环保局的做法，在体制内适当提升综合协调部门层级

并设立专门办事机构，直接隶属于各级政府，以提升协调效率和效果。在体制外，参照美国在环境正义办公室下设环境正义顾问委员会这一常设机构和工作平台的做法，结合我国国情，专门设立专家咨询委员会、共建委员会，或依托村委会、居委会等现有组织，遴选各方代表组成公众意见收集小组，听取各方面意见，实现公众意见"有处提、有人听"，建立我国的公众意见常规表达渠道，避免公众意见无规则表达。

4.3.3　鼓励通过地方立法的方式应对"邻避"问题

美国固体废物处置设施选址基本通过地方立法的方式解决，大多数情况下是由州县政府来决定。我国地域差异大，地方立法可以更有针对性地解决当地问题。应鼓励地方用法治化的方式规范"邻避"项目规划、选址、建设和运行要求、公众参与内容和流程，避免公众权益受损或维权过度。2016 年，广东省政府出台了《关于居民生活垃圾集中处理设施选址工作的决定》，率先通过地方立法的形式规范了生活垃圾集中处理设施选址程序，明确了各级政府及其部门职责，并对规划、选址、建设、运营、监管、生态补偿、公众参与等方面作出规定，在全国范围内作出了表率。

地方立法应着重对两方面进行约束。一方面是对规划的刚性约束。规划选址是解决"邻避"冲突的关键。应树立规划先行理念，前瞻性谋划生活垃圾处理处置设施布局，增强规划实施和执行的刚性约束，严格落实"邻避"设施选址区域的规划控制要求，避免规划调整的随意性和规划执行的不确定性，导致敏感目标增加，产生新的环境矛盾。各地应学习借鉴广东省率先通过地方人大立法方式规范生活垃圾集中处理设施选址程序的经验做法，逐步将"邻避"项目选址纳入法治化轨道。另一方面是推进全过程公众参与程序并强化落实，保障弱势群体环境权益。环境"邻避"问题本质上是公众环境权益问题。现有的《环境影响评价公众参与办法》对公众参与的范围、方式、内容、公示时间、回复等进行了详细的要求，但公众参与程序介入时期仍主要集中在项目环评阶段，导致关心垃圾处置项目的公众或易受影响的弱势群体无法在设施的规划、选址过程等关键环节充分地参与和监督。且现有办法缺少刚性要求，无法有力保证公众参与的实效。美国的经验是从联邦到州已经将"环境正义"作为环保部门的本职职能，保障公众，尤其是弱势群体得到公平、平等的环境权益。我国也应探索将"邻避"问题等涉及公众环境权益维护的工作纳入政府职能中，明确公众，特别是弱势群体环境权益的边界范围，将弱势人群环境权益纳入重大决策中的具体要求中，完善重要环节公众参与办法与程序并以法规或制度固化，避免立法上"放水"、执法上"放弃"。设立专门的机构和工作机制，进行常态化、制度化管理，畅通民意表达渠道和听证程序，筑牢"邻避"项目推进的民意基础，从根本上推动解决"邻避"问题的解决。

4.3.4　探索开发适合我国国情的环境社会风险地图筛查工具

经过多年实践应用，美国环境正义地图筛查工具已越发完善，在推动政府决策、化解环境正义运动风险和提高公众生活质量方面等方面发挥了重要作用。我国"邻避"问题与美国环境正义问题在产生原理、爆发形式以及应对措施等方面高度相似，因此，美国环境正义地图筛查工具的指标体系、可视化平台以及多元数据收集促进信息公开等构建思路值得学习借鉴。但同时，鉴于中美两国之间的环境和人口数据公开程度不同，以及美国环境正义中所重点关注的少数族裔群体在我国"邻避"问题应对中也缺乏对标，直接照搬美国环境正义地图筛查工具的指标体系等恐怕"水土不服"。因此，构建我国环境社会风险地图，必须在适当借鉴美国利用信息化手段开发利用环境正义地图筛查工具经验做法的基础上，充分考虑我国国情、数据公开情况及硬件条件基础，构思不同社会发展阶段下环境社会风险地图的目标和功能，增强解决我国"邻避"问题的针对性、实用性。

第一，构建环境社会风险地图工具是提升"邻避"风险预警与防范能力，健全生态环境重大风险防范体系的重要手段。与美国较为完善的由法律、政策和配套技术手段组成的环境正义问题全过程应对体系相比，我国环境"邻避"问题防范与化解体系还不健全，仍然重在风险的"事后应对"，前瞻预判能力薄弱，对风险事件的发生和发展缺乏全局掌控。构建环境社会风险地图有助于补齐"事前预警"在整个环境社会风险应对链条中的重要一环，主要有以下作用：一是相对于舆情监测手段，风险地图有助于将风险预警的时间前移。目前，舆情监测是风险预警的主要手段之一，但舆情作为高风险社会在特定情况下被催生出来的爆点，其产生的瞬间已经落后于对风险应对的最佳时期。风险地图数据源于环境质量、人口、教育、社会经济发展水平、风险历史等，即使在还未爆发网络舆情的情况下，可以提前对区域的风险水平做出科学研判。二是风险地图整合多方信息数据，有助于风险的综合识别，提高决策科学性和防范的针对性。当前对"邻避"风险的分析研判机制仍较为粗糙，主要依靠舆情收集和相关部门历史经验的定性判断。风险地图可全面整合多渠道多领域信息数据，将其纳入定量的评估指标体系当中，识别重点风险区域，为决策提供有力支撑。同时，还可以帮助政府提前识别了解利益相关方的需求，特别是敏感弱势群体，有针对性地加强科普宣传，将风险水平整体降低，将导火点扑灭于开始阶段。三是空间表征带来问题观察的新视角。"邻避"设施、设施周边社区以及相关区域之间环境社会风险的转移、连锁反应是目前防范与化解工作中的弱点，而风险地图可以将不同区域范围内的风险可视化，有利于分析研判各敏感区域的风险特色以及区域间的风险转移可能性，预测"邻避"风险发生的可能性，助力"邻避"设施选址和风险的有效防范。

第二，构建环境社会风险地图工具为发挥多方共治作用、化解"邻避"风险提供有效载体。美国 EJSCREEN 等各类地图工具不仅是指标体系评估的工具，也是政府、企业和社区公众有效沟通交流的平台。党的二十大报告提出，要健全现代环境治理体系。构建环境社会风险地图为践行现代环境治理体系提供了新的载体，政府、企业、社会公众等多方可通过官方平台获取公开、准确、透明的数据，有利于统一各方对项目的认知，帮助各方从正确的角度、科学理性看待和解读问题。政府回应公众关切，企业对项目的环境影响和风险开诚布公，公众更是有了一个合理畅通的渠道去获取和反馈信息，这都将彰显风险地图的桥梁作用，避免多方误解。

第三，构建环境社会风险地图工具有助于加强跨领域、跨部门数据资源整合，充分挖掘大数据优势。美国环境正义地图中的环境质量和人口数据的来源多样，以美国国家环境保护局为主，交通、卫生、统计等部门为辅，多元数据的回流共享构建出能够反映综合种族、收入水平、教育水平、城市发展、环境质量等多种因素的环境正义问题的评价指标体系。我国的环境社会风险问题有相似的复杂性，因此，应进一步挖掘我国环境、社会和健康大数据潜力，明确大数据作为环境与社会协同治理链接的纽带地位，持续完善监测网络，丰富监测项目和监测频次，保持数据持续更新，真正发挥出大数据协助环境社会风险防范与化解工作实现从"经验之谈"到"科学决策"转变的作用。

第四，重视环境社会风险累积效应，提升环境社会风险地图工具的科学性。在美国政府、学术研究团队对环境正义筛查工具的设计构想中，累积效应是应考虑的重要内容。正是因为多种环境风险和人口风险因素叠加，才导致个别地区、群体有不成比例的污染负担，如果不去观察累积效应，仅做单独分析，这些因素可能不会引起重视，而叠加则使风险成倍上升。在我国，环境社会风险以及"邻避"事件的发生也有类似属性，比如，在已经有重污染的区域持续新增和扩大污染企业数量和规模，更容易引起群众对于新上项目的抵触情绪。环境社会风险地图的构建应该吸取美国的经验教训，用科学量化的方式将多种影响因素累积分析，注重评价结果的真实性，识别出单一因素环境下识别不出的隐藏风险。

4.3.5 在充分认识两国异同基础上开发针对性工具，避免"照抄照搬"

中美两国基本社会制度和国情不同，"西学中用"中应充分预估这种差异带来的挑战。据美国国家环保局介绍，在美国建设一个垃圾填埋场从谋划到建成一般需要 15～20 年，其中大部分时间用在了政府与公众沟通上，平均耗时 7 年。在项目征地过程中，会受到如家族文化、政府前途等各种利益的干扰。作为美国政府，需要开展大量艰苦细致的工作，如召开全体居民大会、上门走访传递项目建设信息等工作，部分地区甚至会为参加会议的公众提供幼儿托管服务。同时，美国政府及公众普遍认为，垃圾焚烧厂会对环境造成潜在不利影响，因此，自 1995 年以来，美国未再建设新的垃圾焚烧厂，目前全美 70%的生活垃圾以填埋方式处理。我国正处于快速城市化进程中，应对突发事件和重大挑战时快速有效地反应是我们制度的优势，对此要坚定自信。如果按美国速度开展我国的生活垃圾处置设施建设，则难以解决垃圾带来的各种环境问题。同时，我国可利用土地面积紧张，如果完全按照公众意愿采取填埋方式，会大量挤占耕地，甚至威胁我国粮食安全。在我国，"公众参与"还是"公众决策"，是听取公众意见中必须把握好的原则界限。

5　欧洲化解"邻避"问题的经验启示

5.1　欧洲"邻避"问题的起源及发展历程

5.1.1　围绕铁路、公路等交通基础设施建设，欧洲"邻避"问题开始萌发

欧洲各国是最早迈入工业化、城镇化的地区。伴随工业发展、城镇化率提高和基础设施完善，很早便在铁路、高速公路建设过程中出现了环境"邻避"问题。

早在 19 世纪 50 年代，伴随欧洲各国工业化进程中铁路建设的兴起，一些讨论铁路设施对周边地区环境影响的声音开始出现。有学者开始批评铁路"向美丽的乡村散发混合着火、烟、煤尘以及烟尘等有害物质的恶魔般的毒药"，认为铁路对沿线和周边地区封禁和财产价值带来负面影响，给沿线居民带来烟尘和噪声污染。在持续不断的反对声中，英国政府于 1846 年指定议会皇家委员会讨论和研究"为给公众带来这些额外便利或利益而将铁路扩展到大都市中心，是否计算了由此带来的财产价值牺牲、重要道路中断，以及对早已计划改善的诸多方案的干扰"，"邻避"问题开始在欧洲地区出现。

20 世纪 70 年代起，欧洲各国开始进入高速公路等公共设施大规模建设的新阶段，高速公路选址对周边环境的影响等问题开始进入学术界的研究视野。以燕德尔于 1970 年发表的《外部性与高速公路设址》等为标志，学者开始系统探讨设施负外部性影响、设施选址冲突及其治理问题，文献广泛涉及各类设施的负外部性影响和选址冲突与治理问题，对"邻避设施"的称谓也不一而足，有"争议性设施""危险性设施""有毒设施""臭名昭著设施"等。这一阶段，学术界的研究主题也开始向纵深延伸，由设施负外部性影响的单一讨论发展到公民对待设施的态度、设施负外部性影响治理、设施选址中的争议与冲突治理、族际正义和群体正义等政治伦理问题。与设施距离的远近被认为是影响人们对待设施态度的关键因素。

1977 年，以欧海尔（O'Hare）在《公共政策》上发表的《你不要在我的街区：设施设址和补偿的战略重要性》一文为标志，"邻避"这一概念正式被学术界所接受，引发了"邻避"冲突的研究热潮。1980 年 11 月，英国记者 Livezey 第一次提出了"邻避"的说

法，描述当时的美国人对于化工垃圾的抗拒，之后"邻避"的概念开始在欧洲各国传播，并在实践应用中广泛使用。

5.1.2　城镇化进程加快，城镇基础设施建设"邻避"问题逐步显现

进入 20 世纪 80 年代，欧洲各国城镇化进程进一步加快，城镇人口规模不断扩大，"垃圾围城"问题开始在巴黎、伦敦等一些大城市集中显现。由于担心环境污染、公共安全甚至是房屋价值受到影响等问题，欧洲各国居民们反对政府或者开发商在自家附近兴建垃圾填埋场、垃圾焚烧厂、危险废物处置场等环境基础设施。

以世界上最早采用垃圾焚烧技术的英国为例，伴随 20 世纪 60 年代垃圾焚烧技术应用的进一步推广，到 20 世纪 80 年代，垃圾焚烧带来的环境污染和健康威胁开始凸显，引起民众的普遍关注，对垃圾焚烧项目的反对声也越来越高，"邻避"问题开始凸显。此外，"邻避"问题开始与政治挂钩，如因时任英国环境大臣、撒切尔夫人的拥趸雷德利而流行的"邻避主义"。雷德利经常利用其职务攻击、反对新开发项目的乡村中产阶级，称为"粗俗的邻避主义"（Nimbyism）。这个阶段，在个体力量势单力薄的情况下，英国的非政府组织也应运而生，成为民众利益的代言人，在垃圾焚烧项目的规划、选址、运营等各个环节发挥重要作用。

5.1.3　核电事故导致欧洲各国反核情绪高涨，核设施"邻避"问题凸显

自 20 世纪 60 年代起，欧洲各国就不乏反对核电的声音，为数不多的抗议运动主要目的是反对在居住地附近建立核电站或核废料填埋场的计划。20 世纪 70 年代后期，欧洲的反核运动进一步发展，如德国的反核运动几乎覆盖了当时所有的核电站所在地，其斗争的焦点也从单一的核电站扩展到核废料加工、存放等建设项目当中，寻找新的核废料存放地总会在拟选址地引起抗议风暴。1986 年，切尔诺贝利核电站发生核子反应堆事故，这一震惊世界的重大核电事故迅速掀起了一阵反核热潮，反核运动开始在已建设核电项目的欧洲各国兴起。

2011 年，日本福岛核泄漏再次震动了全世界。基于"连科技强国日本都难以避免重大核事故"的担忧，德国内部争论了几十年的"挺核派"与"反核派"迅即达成了共识，原来一直支持核能且已经决定将核电站"延寿"的时任总理默克尔，在福岛核事故后率先宣布弃核，分批关闭德国境内的 17 座核电站，这也被看作是德国"反核运动"的胜利。意大利、比利时、瑞士、西班牙紧随其后，丹麦、爱尔兰、葡萄牙和奥地利决定继续保持无核电状态。就连对核电发展持拥抱态度、核电占比最高的法国，也宣布采取逐步缩减核能的政策。2015 年，法国出台《能源过渡法案》，计划"到 2025 年将核电比重从 75%降到 50%，到 2030 年将可再生能源占能源总量的比重提高到 32%"。2019 年，法国正式

放弃了已投入大量人力、物力、财力的第四代核反应堆研究。虽然马克龙总统在 2022 年 2 月演讲中表示要重启核电建设计划，但也同时强调必须大规模发展可再生能源，因为这是满足我们电力需要的唯一办法。

5.1.4 进入 21 世纪，"邻避"问题进一步向风电、水电、碳捕捉封存等其他领域转移

随着 20 世纪 80 年代以来核能发展的频频受阻，欧洲各国在积极应对气候变化、减少本国碳排放的发展战略目标下，将实施可再生能源替代转型的目光投向传统的清洁能源领域，在风电开发、水电开发等方面倾注了大量资源和力量。这些清洁能源开发项目看似安全无污染，但在不少项目推进过程中，也频频遭遇"邻避"问题。例如，意大利小型水电项目的开发过程中，由于项目常布局在生物多样性丰富、生态环境本就敏感脆弱的山区，意大利社会一直争议不断。妥善处理农村地区小型水电站选址引发的争议，成为意大利政府亟须处理的问题之一。德国巴登州风力发电项目，也因为对风力发电经济可行性、环境影响论证的不充分，民众反建呼声强烈，项目最终被迫取消。不止如此，荷兰等欧洲国家在碳捕捉、碳封存方面的试点项目，也因遭遇"邻避"问题而中止。

5.2 欧洲"邻避"问题的典型案例

5.2.1 英国垃圾焚烧项目的"邻避"抗争及化解对策

（1）东南伦敦热电联产发电项目"邻避"事件发展历程

东南伦敦热电联产发电项目（SELCHP）是英国 20 世纪末建立的大型垃圾焚烧设施，功率高达 35 兆瓦，每年焚烧 42 万吨城市垃圾，为伦敦都市区提供了可观的热能和电能。可是，这座垃圾焚烧厂在建成前后均遭到当地居民抵制。

1986 年，为解决伦敦垃圾无处填埋的问题，刘易舍姆（Lewisham）、萨瑟克（Southwark）和格林威治（Greenwich）的地方当局多家共同出资启动了著名的 SELCHP，每年焚烧处置 42 万吨城市垃圾，为伦敦市区提供了可观的热能和电能。不论是在提交规划申请还是开展环评时，SELCHP 都按照英国《环境保护法案》（Environmental Protection Act）中相关行业标准规范征求了公众意见，组织开展了公共关系活动，分享即将"上马"的 SELCHP 的信息。

在前期征求公众意见并获得开发许可的基础上，SELCHP 于 1994 年正式点火运行，威尔士亲王亲自到场宣布工程启用。该项目成为英国第一个符合欧盟环保法规的垃圾处理项目。为方便接受社会各方对发电厂运营和污染排放的监督，项目运营单位主动建立

了焚烧炉监督小组（IMG）。

然而，即便是这样一座在当地经济社会发展上发挥了显著作用的垃圾焚烧厂，建成运营后，也遭到了当地居民的强烈抵制。一方面，不少当地居民因担心垃圾焚烧产生的二噁英对健康的潜在负面影响，对 SELCHP 的投诉和抗议。另一方面，公众也开始对 IMG 的合法性、有效性产生质疑，不少居住在 SELCHP 下风向的居民声称该小组与其联系较少，没有倾听、反映他们的真实诉求。此外，SELCHP 全面投产的 5 年后绿色和平组织发布的一份空气质量报告显示，SELCHP 周围地区是英国空气污染最严重的地区之一。报告在 SELCHP 所在地引起广泛关注和强烈反响，但 SELCHP 并未对这些新的态势作出有效回应，焚烧炉监督小组也并未采取任何行动。公众开始认识到，SELCHP 似乎并非像其宣传、承诺的那样充分地向公众开放。5 年后，公众对 IMG 是否依旧在履行职责也存疑。

2002 年，公众对 SELCHP 冷漠、回避、不作为态度的容忍达到了极限，在绿色和平组织带领下，大批抗议人群冲进厂区并爬上了烟囱，工厂因此被迫停工 3 天半，直到英国警方进入厂内驱散抗议者后才恢复生产。

（2）化解垃圾焚烧设施"邻避"冲突的主要做法

引入欧洲污染物排放与转移登记制度（E-PRTR）。抗议的发生引起了英国政府的重视。围绕垃圾焚烧发电厂运营是否对公众健康带来不利影响的症结问题，英国以引入 E-PRTR 制度为契机，推动工业企业主动公开污染物排放情况，接受社会监督。E-PRTR 数据库采集了欧洲各地 3 万家工业设施的 91 种污染物信息，涉及 65 项经济活动，完整提供了工业设施排放大气污染物、水污染物等方面的翔实数据。公布数据都已经过独立核实、反复核对，其真实性、有效性得以保证。SELCHP 也充分按照 E-PRTR 要求，公开了企业污染排放的数据，并提出居民有权查阅企业的环境影响评价报告，并前往工厂内部实地走访参观。这种态度的转变赢得了当地民众的信任，自此，SELCHP 得以顺利运营，期间再无闹剧发生。

发挥环保社会组织的桥梁纽带作用。在英国垃圾焚烧项目实施过程中起到关键作用的社会组织是英国杜绝垃圾焚烧组织（United Kingdom Without Incineration Network，UKWIN）。该组织主要通过持续监督的方式，对国内的各类垃圾焚烧厂进行跟踪，保证垃圾焚烧厂各环节的透明度。例如，该组织网站公开的一张地图，清楚地标出了遍及英国的所有垃圾焚烧厂的地址、运营商、年处理能力等，方便居民查看。由于组织架构完善、加入门槛低、发布信息客观翔实，该组织得以持续顺利运转，发挥了重要的桥梁纽带作用。

英国政府也很注重发挥环保社会组织作用，在对其监管上，主要是通过慈善委员会开展统一的监管活动。慈善委员会负责英国社会组织的登记、年检等活动，不实行分级管理，而是通过在多地设立分支机构的方式，对社会组织进行属地管理。在监管的过程中，慈善委员会坚持以统一对待的方式鼓励各种社会组织的公平竞争和发展，并设置了24 小时的监督举报系统，鼓励社会公众和媒体等主体对社会组织展开沟通，保障社会组织运行的公开和透明。

5.2.2　法国破解"邻避"困境，推动核能事业发展

（1）法国核能事业"邻避"问题发展历程

法国的"邻避"问题以核能发展为典型代表。法国本身是一个矿物资源欠缺的国家。20 世纪 70 年代初石油危机爆发后，石油资源严重依赖进口的法国也经历了数次石油危机，不得不开始寻找能源困境的出路，大力发展核电成为战略发展方向。尽管法国民众心存疑虑，但在国家发展面临能源资源困境的大背景下，多数民众基于能源独立的国情需要和民族认同感，以及对本国科学技术水平、法国电力集团和法国政府的信心，对发展核能表示了支持。民调结果显示，近 60% 的民众对发展核能表示认可。自此，法国开始调整其电力结构，从原本以石油发电为主，逐步建立起以核电为核心、规模庞大、成熟完善的电力工业体系。

然而，20 世纪 80 年代切尔诺贝利核事故，不仅为全世界核电的发展蒙上了一层阴影，也加深了法国民众对核电发展的担忧。80—90 年代，法国公众对科学技术的信心开始减弱，加之当时社会上还充斥着化学污染、疯牛病等有关健康问题的各种新闻事件，公众对核事业的发展缺乏信心，公众对核能的接受程度下降。调查显示，大部分人都对发展核电处于犹豫和矛盾之中：约 20% 的人反对使用核能，50%～60% 的人态度中立，只有 20%～30% 的人赞成使用核能。另外，据 2003 年法国工业部进行的一次民意调查，约70% 的法国民众对能源问题了解不多。正是在这个阶段，一些法国国内的反核人士和组织开始出现，他们公开指责法国的能源政策缺乏透明度，呼吁停止开发核电，转而寻求其他的替代能源。法国核电事业的"邻避"问题就此产生。

2010 年以来，日本福岛核电站事故以及法国南部马库勒核电站附属核废料中心的爆炸事件，再次唤醒了法国民众对核能发展的恐惧，刮起了一阵反核"旋风"，短期内反对核能的声音一浪高过一浪。2011 年 3 月 11 日，在福岛 1 号机组发生爆炸后的第二天，巴黎反核人士就纷纷走上街头集会，抗议法国大规模使用核能。参加集会的有环保人士、在野党政客，也有自发加入的普通民众，根据法国媒体当日报道，至少有 300 人参加了集会。他们聚集在埃菲尔铁塔对面，打出"核能扼杀未来""核能等同于癌症"等条幅。3 月 20 日，法国爆发了更大规模的反核运动，在以"走出核能"为首的多个非政府组织的号召下，近千名环保人士聚集在巴黎国民议会所在地波旁宫前抗议示威，参加游行者们高举"我们拒绝福岛惨剧再次发生""立即关闭法国寿命超过 30 年的核电站"等标语，一些言辞激进的示威者更是高喊"让核能远离法国"的口号。6 月，法国巴黎等地再

次爆发参与人数高达 5 000 人的示威游行，参与的法国和日裔反核人士用两种语言高呼口号，希望法国走出核能时代。示威者从巴黎共和国广场出发，向巴黎市政府方向进发。游行人群一路用法日双语高呼"让核滚开！""走出核电，我们做得到！""要爱不要核"等口号，表达对核技术的抗议。据法国媒体介绍，除巴黎外，法国波尔多、图卢兹等城市也都组织了类似的游行。

此后，法国境内反核声音依然此起彼伏，特别是核事故周年之际，法国境内通常会爆发反核游行。2014 年，在法国东部城市埃尔斯坦，500 多人一边高喊"不要重蹈福岛的覆辙"的口号，一边向空中放飞寄托着远离核电愿望的氢气球。同时，他们也通过手中的扬声器高呼"必须妥善处理安置事故中被害的福岛民众！""面对今年欧洲议会大选，我们要壮大远离核电的势力！"等口号。据了解，在示威现场，反核人士还悬挂着大量写有"请明确告诉民众，那些看不见听不着的放射性物质的危害！"等诉求的大型标语。在日本福岛第一核电站核泄漏事故发生将满三周年之际，在法国与德国交界附近的 9 座桥上，又有来自德、法、瑞士等国的 9 000 多人自发地集合起来组成人墙，举行反核电示威游行，并高呼"远离核电"。2018 年 3 月，法国数百名反核人士在东部进行示威游行，抗议政府在东部的布尔小镇设立核废料处理中心。这些反核分子连续两天举行示威游行，反对"将乡村变成城市的垃圾场"。

（2）法国应对核能发展"邻避"问题的主要做法

尽管自 20 世纪 80 年代以来不断遭遇反核群众的游行示威和在野党的批评，但法国政府基于能源供应、国家发展的角度，均明确把核电视为能源的"未来解决方案"，在巩固核电发展信心的同时，不断增强核电设施安全性，推动核电事业在国内平稳发展。具体采取了以下做法。

一是建立完善的监管体系。在核工业的实践过程中，法国逐步制定了覆盖范围广、分类详细的大量法律法规，建立了行之有效的核能监管体系。2006 年，法国颁布《核透明与核安全法》，奠定了国家核能监管的基本框架。法国核安全局（ASN）作为法国最主要的核安全监管机构，也被赋予独立监管机构的法律地位，不隶属于任何政府部门，依托法国辐射防护与核安全研究所的数百名专家，独立监管法国民用核设施安全和辐射防护、实施事故调查和应急管理、每年向议会提交核安全评估报告并为政府相关法律法规制定提供专业建议、保障从业人员、公众健康及环境不受核能利用活动的危害。2015 年，法国又颁布了《绿色发展能源转型法》，进一步扩大了法国核安全局的监管范围并赋予其处罚权，同时强化了该机构在公众沟通领域的职责。

二是注重信息透明与公众参与。法国《核透明与核安全法》明确规定，公众有权准确、及时获取与核项目相关的信息，任何核项目的开展都必须与公众沟通。据统计，自2002 年以来，法国核安全局平均每年在其网站发布 700 多份监察报告供机构和个人调阅。该机构还通过公共信息中心、官方网站和多个社交媒体平台向公众普及核知识，组织展览、电影放映和研讨会，接待民众访问。此外，为监督核设施安全，促进核电企业和居民之间的沟通，法国设立"地方信息委员会"，虽然委员会是非官方机构，但其法律地位、经费保障均在《核透明与核安全法》中予以了明确。委员会工作具有独立自主性，成员包括当地民选议员、工会、企业及环保组织代表等，长期追踪核设施的安全信息及影响、定期举行例会并代表居民与核电运营企业对话、组织公众研讨会等。

法国政府对公众沟通作出了细致规定，例如规定核电站方圆 10 千米范围内的居民可以免费到药店领取政府发放的碘片。一旦发生核事故时，这种碘片可用于保护人体甲状腺免受放射性碘的伤害，起到一定的防护作用。至于核电站方圆 10 千米之外的居民，各省都建有碘片储备。正是这种规定，提振了公众对核电项目推进的信心。

三是注重行业公信力建设。作为全球最大的核电运营商，法国电力集团在信息透明、核知识和核能文化推广等领域扮演着重要角色。自 20 世纪 70 年代法国开始大规模建设核电站起，集团就不定期组织公众和媒体记者参观工地及建成后的核电站，介绍核电站的运行原理、核电技术的发展以及核废料处理等知识。当有核电相关重大事件发生时，法国电力集团都会对公众舆论的新趋势做出及时反应。加强与媒体沟通、建立新闻发言人制度也是核电企业满足公众知情权的重要途径。例如，日本福岛核事故发生后，法国电力集团曾组织完成了 7 000 多页的核电站"补充性安全评估"及改进措施建议并报至法国核安全局。3 个月后，法国核安全局出具结论，认为法国电力集团的核设施符合安全标准，并将报告和结论全文发布在网站，给不少心生疑虑的法国民众吃了"定心丸"。

5.2.3 德国风力发电项目的"邻避"困境

（1）德国巴登-符腾堡州风力发电项目"邻避"抗议发展历程

在德国的能源转型部署中，扩大风能被提上重要议事日程。2011 年，受到全球对气候保护的呼吁和福岛核事故造成的核电行业萎靡的双重影响，德国开始实施可再生能源替代转型，风能开始取代核能，成为能源转型的基石。也正是在这一年，绿党在德国历史上第一次赢得了兰德尔议会的多数席位。将巴登-符腾堡州（Baden-Würtlembeng）可再生能源扩容项目作为新上任的"亮点工程"，设立了包括发布该州风能地图、修改空间规划法（以允许更多的风力发电）、专门设立部长职位、制订公众参与风电规划的计划等一系列目标。总体来看，无论是德国联邦的能源转型部署，还是巴登-符腾堡州充满活力的政治图景，都为恩格尔斯布兰德镇（Engelsbrand）发展风力发电项目提供了良好的外部环境。

恩格尔斯布兰德镇因风速较高，成为风力发电项目的理想选地。恩格尔斯布兰德镇是德国巴登-符腾堡州恩茨区（Enz）的一个小市镇，位于普福尔茨海姆市（Pforzheim）西部约 10 千米处，常住人口约 4 300 人。自 2009 年以来，恩格尔斯布兰德镇一直致力于发展气候保护和能源类项目，为方便与市政府密切合作，专门成立了一个以公民为基础的"能源小组"，并与政府建立了密切联系。2011年，恩格尔斯布兰德镇发布了能源任务声明，明确提到以大力发展可再生能源为重要目标，当年恩格尔斯布兰德镇被评为"欧洲气候城市"，在恩格尔斯布兰德镇和普福尔茨海姆市之间有片森林叫索伯格高地（Sauberg），是周边地区中风速最佳的区域之一，很多风力公司希望在位于此处的恩格尔斯布兰德镇和布吕亨布鲁恩镇（Büchenbronn，属于普福尔茨海姆市）开发风电项目。2011年10月后，恩格尔斯布兰德镇召开议会讨论了该风力发电建设项目，会议成立了由三位议员、市长和地方能源咨询委员会组成的风能工作小组，负责项目采购工作，并决定由可再生能源项目开发商Juwi公司承接风力发电建设项目。

当地政府注重信息公开、流程透明，风力发电项目在初次投票得到公众支持，项目在初期进展顺利。为顺利推动风电项目顺利落地，恩格尔斯布兰德镇政府面向公众建立了网站，召开了一系列的公众会议，被当地报纸赞誉为"信息公开的榜样"。尽管已经具备了合理选址、公众参与、信息公开等条件，尤其是在2011年7月发布风力地图并提出索伯格高地为拟选址地点，以及2011年10月召开议会讨论风力发电建设项目时，没有任何反对声音，依旧发生了"邻避"问题。2012年2月，在政府发布与Juwi公司合作建设三个风力涡轮机的公告发布后，有关公民开始提出质疑，例如风力发电项目距离恩格尔斯布兰德镇居民区多远？是否会对风景造成影响？是否会有噪声扰民？对此，镇政府谨遵巴登-符腾堡州政策，启动风力发电建设项目程序，并决定再开展一次公众参与工作。从2012年3—10月，共计举办了六次公众参与活动，讲解项目推进情况，回答公众问题，组织公众参观位于巴伐利亚森林的同等规模的风力发电建设项目，为期半年的公众参与活动过程中，很少出现提出反对意见的情况。在2012年10月14日进行的首次公开投票结果显示，58.8%的公众支持在恩格尔斯布兰德镇开发风能。

首次投票结果显示，距离项目更近的居民支持率更低，反对者在投票后开始聚集，但影响较小，项目仍在继续推进。仔细观察首次投票结果的空间分布发现，位于恩格尔斯布兰德镇中心地带的居民（距离选址地点更近），只有52.6%投了赞成票，而恩格尔斯布兰德镇中距离选址地点更远的其他两个地区的居民，有超过60%的赞成票。这次投票是一把"双刃剑"，对支持派来说得到了正面的肯定回复，却也进一步激发了反对派的负面情绪。有一位反对派的关键人物是从2012年的第一次公告中得知，其住所距拟选址地点的距离仅有700米。还有一位关键人物是附近一所应用科学大学的经济学教授，也是新住户，他认为当地政府没有意识到项目将对社会和经济产生不利影响。越来越多的反对者开始聚集，呼吁反建。越来越多持反对意见的公民参加了市议会的会议，提出质疑和担忧，会场变得越来越有敌对氛围。反对者质疑整个决策过程的透明度，怀疑只有Juwi公司等少数人才可以获利，而大多数居民将不得不承担建设风电场的代价。一些公众开始组织捐款，在当地报纸上倡议反对风电项目。

　　为更好地回答有关经济可行性（主要取决于现场的风量）和环境影响问题，Juwi 公司于 2013 年 3 月在现场竖起了一根测风杆进行监测，但却更加激化了矛盾。

　　Juwi 公司希望在获得项目许可后再公开数据，而反对者则要求在此前公开数据，以判断是否可以投资。尽管面对公众带来的重重压力，镇议会还是决定于 2013 年 4 月开始与 Juwi 公司就项目许可进行磋商，商议是否允许该公司建设此风电项目。

　　公众以 Juwi 公司丑闻为突破口，大力开展反建动员。2013 年夏天，媒体爆料了一则关于 Juwi 公司的腐败指控，怀疑 Juwi 公司以签订顾问合同的形式贿赂图林根州的一位政治家。虽然当时还没有作出判决，但希望开发恩格尔斯布兰德镇风力发电项目的竞争对手们广泛传播了这一消息。对此，镇议会于 2013 年 7 月决定，在澄清腐败指控前，暂停与 Juwi 公司磋商项目许可。这时当地反对者的非正式团体抓住了机会，成立了名为"远离风电"（Abstand zur Windkraft）的公民行动团体。这个名称包含了两层含义：一是呼吁增加居住区与风力发电项目之间的距离，这也是德国几乎所有反风力发电倡议的核心诉求；二是呼吁增加能源开发项目补贴（如获取上网电价补贴政策）。在项目进入关键阶段后，公民行动团体进一步加强了宣传力度。通过自己的网站（http://www.windkraft-engelsbrand.de/）和脸书（Facebook）发布关于健康风险、项目盈利方式、反对能源转型等文章。公民行动团体还向社区居民发送信件，试图争取赞成票的居民的支持。

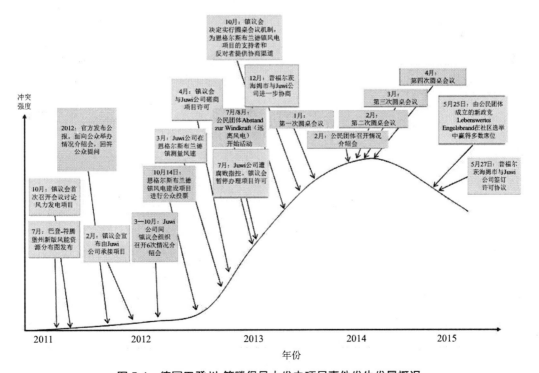

图 5-1　德国巴登州-符腾堡风力发电项目事件发生发展概况

反对者声势浩大，首次投票作废，政府决定召开圆桌会议。各类反对者的这些活动最终将"邻避"冲突推上了新高度，镇长甚至为此收到了匿名的威胁电话。2013 年 10 月，政府决定暂缓项目，建立一个由正反双方代表参加的圆桌对话会议机制。自 2014 年 1 月起，政府接连举办了四次圆桌会议，对参会公民条件和辩论机制进行了精心设计，确保会议的专业性、科学性水平。

反对派成为新一任议会的重要力量，电建设项目最终未能获得恩格尔斯布兰德镇的项目许可。2015 年 5 月 25 日，巴登-符腾堡州进行议会换届选举，公民团体成立了一个名为"Lebenswertes Engelsbrand"的新政党，并以近 30%的选票，成为市议会中的主要力量。新的议会将不再支持在恩格尔斯布兰德镇建设风力发电项目。项目开发商 Juwi 公司在选举的两天后，与普福尔茨海姆市签署了项目许可，风力发电项目最终确定建设布吕亨布鲁恩镇。

（2）德国应对风力发电项目"邻避"问题的主要做法

德国巴登-符腾堡州风力发电项目"邻避"抗议是德国能源转型路径中环保冲突的一个缩影。据不完全统计，为反对"风电机森林"，德国民众成立了 700 多个市民组织，他们认为风电的噪声、视觉阻碍和电力辐射等影响了周边环境，要求政府重新评估以风电开发为导向的能源转型路径。近年来，德国民众反对风力发电项目的原因，也从其对公众环境权益造成的不良影响，延伸至更高层面的物种生境保护，特别是鸟类生境保护等方面。为解决长期以来风力发电面临的"邻避"问题，德国联邦环境部与经济和气候保护部达成协议，确定以有利于保护环境的方式发展陆上风力发电。具体举措如下。

一是出台法律法规，规范风力发电装备选址建设。风机安装得越多，占用的土地也越多。风机运转时发出的噪声，影响了附近居民的生活。而在一些风景区附近建立的风电场，则又破坏了那里的景观。为了解决风电事业的发展对环境和生态造成的不良影响，德国政府于 2002 年制定了《环境相容性监测法》，规定自 2002 年开始，风力发电设备应选择符合环境和生态学要求的合适地点。该法律的制定为风电项目建设的参与者在环保方面获得法律上的保证和认可提供了支持。此外，德国对建筑法有关条款进行了汇编修改，明确把风能利用项目的批准权由中央政府下放给州政府下属的城镇和地区管理当局，以确保在计划执行过程中，风机安装在合适的地点。

二是制定合理、精细的风力开发和管控措施。为测试和评估风力涡轮机显著增加对濒危鸟类"碰撞风险"的影响程度，德国联邦环境部、经济和气候保护部共同制定了统一标准；将在全国范围内列出可能与风力涡轮机发生碰撞的繁殖鸟类名单；依据鸟类繁殖地精确划定风力涡轮机禁区。统一的标准将使得风电规划有据可依，相关程序更简单清晰。此外，两部门还同意简化程序，加速推进旧风力涡轮机更新换代。德国实现在 2%的地表区域发展陆上风力发电的目标前，允许风力涡轮机建在景观保护区。

三是明确风力开发的补偿来源。德国政府将启动一项新"物种支持计划",头四年共拨款 8 000 万欧元,用于保护可能或已受到可再生能源发展威胁的物种及其栖息地。获得新风力涡轮机特别许可的风力发电场区经营者有义务参与这一计划。

5.3 欧洲防范与化解"邻避"问题的经验做法

欧洲各国的"邻避"问题是其工业化、城镇化进程中的伴生问题,发生时间早、涉及领域多元,常常与西方社会制度下的政治、人权等因素挂钩。在欧盟相关框架指令基础上,欧洲各国纷纷建立了相对健全的法律法规和标准制度,构建信息公开、公众参与等环境管理体系,积累了丰富的公众沟通经验,形成了一些行之有效的"邻避"问题应对做法。

5.3.1 制定出台专门性法律法规及配套实施细则

欧洲各国注重围绕特定领域的生态环境问题和风险隐患,有针对性地出台法律法规,并配套相应的实施细则,增强全链条、各环节的执行力度。例如,在"邻避"问题较为集中的生活垃圾处理处置方面,瑞典围绕生活垃圾分类、倾倒、清扫、收集、运输、回收利用和处置等全流程制定相应的实施细则,明确责任主体。在源头分类上,强调以源头减量和循环利用为原则,首先鼓励回收再利用,其次是生物技术处理,再次是焚烧处理,最后是填埋。该国《废弃物收集与处置法》第 2 条第 1 款规定"不管是否出于节约能源、原材料或与环境保护有关需要,废弃物管理都应当以促进采取有利于废弃物重复使用和循环利用的措施方式进行"。在利用环节上,制定《对有害环境的电池征收费用法》《特定饮料容器回收法》《铝制饮料瓶回收利用法》《铝制易拉罐进出口费用条例》等针对各类废弃物的法律法规。在处置环节上,制定《市政废弃物管理法》《禁止倾倒法》等专门性法规,确保各个环节均有标准规范作为指引。在环境破坏行为惩戒方面,瑞典制定的《环境法典》中提出"要全面有效保护国家环境,成立特别环境法庭,由司法人员和专门技术人员共同负责案件审理",严惩破坏资源环境的行为。

5.3.2 强化环境信息公开,细化制度有效性和惩罚力度

在欧盟相关框架指令基础上,欧洲国家建立了比较完善的环境管理体系,公开涉及建设项目和基础设施的各类信息,便于民众获得科学、准确认知,有效地减少了"邻避"问题的发生。

欧盟有关环境信息公开的立法最为重要的是欧共体 90/313/EC 指令和之后取代其于 2005 年 2 月 14 日实施的 2003/04/EEC 指令、索非亚准则以及欧盟参与制定的《奥胡

斯公约》。这些指令、公约都遵循"以公开为原则，不公开为例外"的理念。90/313/EC指令和《奥胡斯公约》在第 2 条第 3 款中规定了"环境信息"的范围包括行政措施或者环境协议、项目，而且以环境要素以及影响这些环境要素的自然原因、人为原因（包括各种行政原因）和可能影响这些因素的原因所构成。《奥胡斯公约》规定环境信息公开的主体，不仅包括各种公共行政职能的自然人或法人，也包括具有公共责任、职能或提供公共服务的任何其他自然人或法人。此外还规定，无论申请者是自然人还是法人，都必须保证政府部门依据申请提供有效的环境信息，且申请者不必证明自己与申请信息有利害关系。严谨规范的信息公开制度和有力的惩戒措施，确保了欧洲民众信息获取的有效性、有序性。

5.3.3　创新公众参与模式，充分发挥社会组织作用

完善的公众参与程序能够保证地方性法规最大限度地反映公众的意志，从而保证这些法规的顺利实施。欧洲各国明确将公众参与程序纳入法律条文，例如瑞典在《废弃物收集与处置法》关于制定地方性法规条款中有明确的公众参与程序。当地方性废弃物管理法规草案形成后，地方政府应当在适宜和合理程度上，征求所有对此存在重大利益的财产所有者和公共机构的意见。地方废弃物管理法规草案通过以前，草案必须向公众公开至少四周，供公众审阅并收取公众意见，具体方式为在地方报纸刊登一份草案的公开声明，注明草案的主要内容、展列地点和公开时间以及意见收集途径等。

此外，欧洲各国均把社会组织视作联系政府、公众的重要纽带，鼓励发挥环保社会组织的自治力量。意大利建立了社会公众管理制度，公民组成的社会组织可以向政府、行政机关提交方案，如果方案通过评估，可得到资金、技术等方面的支持。英国设立慈善委员会，作为嵌套在政府与民众之间的构件，具体负责社会组织的注册登记、日常监管、支持运作等活动。慈善委员会是一个准司法机构，既有和政府沟通的渠道，也有不受政府影响而独立运作的权力和空间，在鼓励、推动各种社会组织的公平竞争和发展方面发挥了重要作用。

5.4　欧洲经验对我国应对"邻避"问题的启示

5.4.1　构建系统完备的法规制度和规范细致的实施程序

从欧洲应对"邻避"问题的经验上看，不论是项目选址还是监管运营、事前预防还是事后惩戒，在欧盟的总体环境管理体系框架下，欧洲各国均制定出台了符合本国特色和实际需求的各类法律法规、实施细则及配套工具，能够为地方在项目布局规划、选址

调查、公众参与、科普宣传、社会组织引导等方方面面提供科学、准确的操作指引。如在信息公开方面，欧洲各国通用的"欧洲污染物释放和转移登记"数据库，能够方便民众随时登录相关网站检索与项目相关的潜在有毒物质、水以及土壤数据。曾有民众表示："我只要动动鼠标就可以告诉你 2012 年，德特福德的垃圾焚烧厂向大气中排放了 15 吨的氨，但并没有二噁英。提供相关信息也是垃圾焚烧部门的法律责任。"类似制度和工具不仅建立起了公众信任，也为各级政府做好决策提供了支持。

我国也应在环境治理体系和治理能力现代化进程中，围绕上述与"邻避"问题相关的关键领域和环节，参考欧洲已形成的法规制度进行查漏补缺。在政策制定后，配套出台实施细则或操作手册，开发适用于我国国情的配套工具，推动相关工作标准化、程序化，解决各地在开展"邻避"风险防范及应对"邻避"冲突时"不会为"的问题。

5.4.2 有效发挥社会团体的作用，探索发挥社会共治力量的路径

"邻避"问题是与公众权益直接相关的问题，不能只靠政府部门单方面"发力"，也需要依靠公众的力量予以解决。参照欧洲国家成立公民行动团体的经验，我国也应探索围绕"邻避"问题建立社会监督员机制。聘任地方人大代表、政协委员、民主党派人士、科研院所人员、环保社会组织以及其他环保事业的热心人士成为社会监督员，赋予社会监督员监督生态环境保护工作人员的行政执法活动以及日常工作、举报污染环境和破坏生态的行为、对地方生态环境保护工作提出意见建议等权力，使得民众在由"旁观者"转为"参与者"身份转变过程中打消疑虑、增进信任、凝聚共识。完善环保社会组织有序参与环保事务的管理体制，健全环保社会组织引导发展政策措施，切实发挥环保社会组织的桥梁纽带作用。

此外，对于"邻避"问题易发的建设项目，还应积极引入第三方监管力量。如通过公开招标、邀标等方式，由政府或企业聘请有资历的第三方以定期和不定期相结合的方式找准企业环境风险隐患，提升环境监管的针对性，避免环境问题久治不绝引发社会风险和矛盾。

5.4.3 协调专业力量，围绕公众关心关切的问题主动回应

组织权威专家回应是消除公众疑虑的重要手段和方式。然而从部分欧洲国家"邻避"问题应对失利的教训上看，滞后的专家回应会被公众质疑其公正性，不够全面的专家背景会被质疑其专业性，使得所寻求的专家支持不能够起到应有的正面作用。同时，回应的时间也很关键，若公众反对情绪已达到不得不解决的情况下才作出回应，则不管回应内容如何，都容易被反对者打上"经过刻意选择"的不信任标签，即便摆事实、讲证据，也难以摆脱"塔西佗陷阱"的结果。

在我国"邻避"问题应对过程中，应在项目推进的各个环节，尽量画大"同心圆"，在确保合法合规前提下，争取行业领域权威专家的支持，确保项目推进建设的科学性、合理性。此外，政府部门、企业方应对社会团体、公众发出的质疑声音予以足够重视，不应因公众数量的多寡决定是否作出回应，而是应高度重视，采取审慎态度，围绕这些公众关心关切主动回应，积极沟通，避免负面信息聚集，风险膨胀。具体来看，企业可在政府的帮助下成立由专业人员组成的委员会，负责评估项目环境风险、健康风险、社会风险，并对公众的疑惑作出及时回应。同时，企业可设置社会公开、解决公众纠纷工作小组，及时反馈公众投诉等问题，并定期总结公开工作动态。

6 日本化解"邻避"问题的经验启示

6.1 日本"邻避"问题的起源及发展历程

日本"邻避"问题大致可分为三个阶段:20世纪五六十年代,一系列公害事件接连发生,拉开了日本环境运动的序幕,以四大公害诉讼为典型案例,在此阶段受害居民主要采取"公害诉讼",政府主要是通过制定法律回应遭遇公害的国民对政府的压力,公害的控制取得了一定效果。20世纪六七十年代,反开发环境运动兴起,重化工业、固体废物处置等领域"邻避"冲突运动兴起,在此阶段,日本通过完善法律法规、建立高标准安全措施和技术保障、建立公众参与互动机制等措施,较成功地治理传统领域"邻避"问题。随着环境质量的改善,以及减碳目标的提出,20世纪90年代至今,日本"邻避"抗争进一步向新能源领域转移,涉核领域"邻避"冲突凸显。

6.1.1 公害事件接连发生,拉开了日本环境运动的序幕

日本的反公害环境运动最早可以追溯到19世纪末期的足尾铜矿的开采,反足尾矿毒斗争是日本环境运动的起点,面对威胁到基本生计的矿毒,矿山周围的农民和渔民开始了抗争矿毒的斗争,但最终被日本政府残酷镇压。此后,日本迅速转向军国主义化,反对环境污染的声音被狂热的军国主义、对外扩张的声音所掩盖。第二次世界大战结束之后,日本经济得到迅速发展,在成为经济大国的同时,日本也成了公害大国,此阶段日本国内的反公害环境运动开始爆发。此时的公害事件受害者往往以地方上原有的社会组织或地方性政治人物为核心发起诉讼、开展运动,四大公害诉讼是其典型案例,即熊本水俣病诉讼事件(因氮肥厂废水污染水俣海湾而使当地渔民中毒)、新泻水俣病诉讼事件(居民因工厂排放含汞废水引起中毒)、痛痛病诉讼事件(当地居民因工厂排放的废水中含镉引起中毒)、四日市哮喘公害诉讼事件(因工厂排放有毒气体,污染大气而使居民患哮喘病)。四大公害诉讼案最后都以公害受害者胜诉而告终。在这个过程中,受害居民创造出了"公害诉讼"斗争手段。

在此背景下,日本政府主要是通过法律层面加强对企业的约束,以此来回应遭受公

害的国民对政府的压力。1967 年，日本制定了《公害对策基本法》，又称公害母法。1970 年，时任首相佐藤荣作组织召开临时国会会议，专题研究污染控制问题。此次会议上，国会一次性通过或修改了多达 14 项环境相关法律，包括《公害对策基本法》《大气污染防止法》《下水道法》《关于危害人体健康的公害犯罪制裁法》《公害防止事业费事业者负担法》《防止海洋污染法》《水质浑浊防止法》《农业用地土壤污染防治法》《废弃物处理法》《自然公园法》《噪音管制法》《道路交通法》《有毒物及剧毒物管理法》《农药管制法》等。因在建立完善环境公害问题法律法规制度方面发挥了突出作用，这次国会也因此被称为"公害国会"。同时，公害国会上还宣布成立了环境保护厅，即日本环境省的前身。此次国会标志着日本环境法律体系和管理制度体系的进一步完善。"公害国会"以后，环境保护已成为全民讨论的热点话题，政府进而又颁布了《公害健康损害赔偿法》《能源使用合理化法》《净化槽法》《湖沼水质保全特别措置法》等法律，公害的控制取得了一定效果。至此，反公害环境运动告一段落。

6.1.2　反开发环境运动兴起，"邻避"冲突运动层出不穷

环境公害的频发给日本国民蒙上了严重的心理阴影，人们防止公害的意识变得更加敏锐，环境运动也由事后救济逐步向事前预防转移。因此，当政府大规模的推进工业建设项目的时候，在居民中频频引发大规模的抗议活动，"邻避"问题伴随而生。此时以重化工业、固体废物处置等领域"邻避"问题较为突出。三岛、沼津等地区"反建设石油联合企业"运动、东京"垃圾战争"事件等是这一阶段的典型案例。

（1）"反建设石油联合企业"运动兴起，重化工业遭遇"邻避"问题

1963 年和 1964 年在三岛、沼津等地区举行"反建设石油联合企业"运动，该运动被认为是"市民运动的原点"，是市民运动制止以重化学工业为中心的地区开发的首例。

1963 年，被国家政府指定为特别产业开发区的东骏河湾地区计划建设石油综合体。在三岛市中乡地区、清水町、沼津市分别建设炼油厂、化工厂和火力发电厂。对于石油相关企业来说，这片灌溉水源充沛，距离京滨地区不远的地区，有着令人向往的有利条件。然而，三岛市、沼津市和清水町的居民"反对建设石油联合企业"运动打乱了企业的计划。最先表示反对的是三岛市市民，成立三岛市市民石油综合体对策协商会，与青年团体、文化团体一起，访问并报告了重度污染地区四日市的实际情况，并开展了询问居民是否同意建设综合体的问卷调查。82%的人选择了"反对"。1964 年 4 月，妇女协会和居委会主席团的临时大会也宣布坚决反对推进石油综合体的发展。此外，三岛市中乡地区的农民反对运动也很激烈，组成了农田非卖同盟，95%的规划建设地主签署了农地非出售联盟名单。该地区成立松树调查队，发布了"石油化工综合体的发展带来的污染问题"，认为污染是不可避免的，科学地证明了反对运动地正确性。在沼津市和清水町之前，

三岛市的反对工厂建设活动首次成功。随后，沼津市和清水町的市民也发起了反对运动，最终，在市民的强烈抗争中，项目得以停止。

（2）东京"垃圾战争"爆发，垃圾焚烧领域"邻避"问题凸显

自江户时代以来，东京江东区一直担任着江户和东京地区垃圾填埋的任务。随着垃圾产生量迅速增加，垃圾的种类也越来越复杂，引发了一系列环境问题。为解决江东区的垃圾问题，东京都政府决定在所有特别区建造垃圾焚烧厂。1956 年，东京都政府制定了"垃圾焚烧厂建设十年计划"，在东京大田区、世田谷区、练马区、板桥区等 23 区内新建垃圾焚烧厂，此举成为东京"垃圾战争"的导火索。1966 年，东京都选定高井户地区作为杉并区垃圾焚烧厂的选址地。高井户地区居民对此多次表示反对，称"选择该地区的理由不明朗，事先没有与当地居民协商"。东京都政府不顾当地居民意见，启动了土地强制征用程序，1971 年 5 月审议结束。其间，当地居民的反对声浪不断增强，形成了有一定规模的抗议组织。1972 年 12 月 16 日，杉并区和田堀公园周边居民爆发了阻挠施工的群体性事件，将杉并区清扫工程建设拖入了泥潭。

此外，1964 年，东京都政府曾承诺在 1970 年关闭现有垃圾填埋场，全部生活垃圾都通过焚烧方式处理，以此减少对江东区居民的环境影响。然而，这个承诺始终没有落实。一些愤怒的江东区居民走上街头抗议政府承诺不落实的可耻行径，区长和区议员也带头站在来自杉并区的垃圾车前，阻止其进入江东区并迫使其返回。1971 年 9 月 27 日，江东区议会通过了一项反对各区垃圾运输进入江东区的决议，彻底将垃圾问题"引爆"。

面对棘手问题，1971 年 9 月 28 日，时任东京都知事美浓部亮吉以垃圾危机威胁东京市民生活为由，宣布将采取彻底的垃圾管控措施，如加快推进各区垃圾焚烧厂和垃圾填埋场的建设等。此后，经过多轮、多次东京都及杉并区、江东区政府代表、居民参与的会议磋商，东京都采取强制征收杉并区垃圾焚烧厂土地的方式明确了该工厂建立和投运的时间。1978 年，杉并区清扫工厂正式投入运行，标志着这场垃圾战争落下帷幕。

随着"邻避"冲突运动的频频发生，经过多年的治理与改进，日本政府对"邻避"问题的防范处置也日趋成熟。一是进一步完善了法律法规，如 1959 年 3 月公布《工厂布局法》，1971 年针对污染工厂特制定《特殊工厂污染防止法》等，完善的法律法规有效规避了"邻避"冲突的爆发；二是建立高标准安全措施和技术保障，任何公共设施的建立只有通过严格技术考核和安全评审才可以实施，保障了"邻避"设施的安全性；三是建立了良好的公众参与互动机制，赢得了公众的理解和支持。一系列行之有效的措施使得日本政府成功走出传统领域"邻避"困境。

6.1.3 减少碳排放新趋势下，"邻避"抗争向新能源领域转移

受环境问题与资源短缺问题的影响，日本开始提出适宜本国的减碳目标，日本政府

积极寻找开发可代替石油的清洁能源，大力扶持核能、太阳能、风能产业发展。正是在这一过程中，"邻避"矛盾也开始由传统领域向新能源领域转移，日本国内核电站、光伏发电厂等新能源项目建设引起了一系列的"邻避"冲突。

6.1.3.1　福岛核电事故后的"核邻避"冲突

日本是唯一遭受过核武器攻击的国家，这种灾难的体验使日本民众对于核灾难极为敏感，这也是日本民众反核意识的原点。因此，日本从 20 世纪 60 年代开始发展核电以来，就一直存在反对的声音和反核电运动。自 2011 年日本福岛核电事故发生后，核电安全问题又成为公众、媒体的焦点，公民更是对核电产业产生深深的忧虑，"不要建在我家后院"的"核邻避情节"纷纷出现。

顶着民间反对之声，2012 年 7 月，日本决定重启大饭核电机组，引起了市民的强烈不满与抗议。7 月 16 日，日本东京爆发"再见核电站"大集会，大批游行示威者聚集在东京代代木公园，日本著名作家大江健三郎及著名音乐家坂本龙一等反核人士出席集会并发表演讲。据集会主办方公布，共有 17 万人头顶烈日参加了此次集会活动，规模空前。但政府依然对市民的抗议置之不理，"必须重启核电站"的姿态并未动摇。继大板核电站 3 号机组重启后，关西电力公司预计于 18 日重启 4 号机组。7 月 29 日，日本东京再次爆发以"反核国会大包围"为主题的抗议活动。大批手持蜡烛和小手电筒的民众将国会议事堂围住，日本的反核力量已经从街头出发，开始走进国会。政界开始担忧反核势力影响政权，表态会慎重考虑各方不同的建议。

6.1.3.2　光伏发电项目频频引发"邻避"抗议事件

在核设施发展受阻、核电站大量关闭的情况下，日本政府转而寄希望于光伏产业，希望能够扶持光伏产业成为本国新能源支柱产业，一批光伏发电项目纷纷上马，部分光伏发电厂的建设受到了当地民众的强烈反对，引发了"邻避"冲突。如鸭川市大型光伏发电开发商提出为建设光伏发电厂需砍掉 300 公顷的原始森林，遭到了当地民众的强烈抵制；又如千叶县民众对于浮式光伏发电厂表示抗议，公众提出"即使该项目能减少碳排放，太阳能电池板覆盖大面积的水面也有可能造成新的环境破坏。"虽然光伏发电项目常常遭到日本国内民众反对，但光伏发电仍然是日本政府推广可再生能源的重要组成部分。日本政府提出，将采取更全面、更合理的方式来建设新的光伏发电设施，以争取更多民众的理解支持。

6.2　日本防范与化解"邻避"问题的经验做法

6.2.1　健全的法律法规与环境政策

日本政府通过颁布一系列环境法律和制定相关环境政策，加强和完善"邻避"设施相关项目的建设标准，赋予和保障社会公众的环境权益，从而提高政府可信度与项目安全性，保障公众参与的法律化和制度化。

一是出台"邻避"设施相关项目的标准规范。早在 1959 年，日本就颁布了《工厂布局法》，首次提出政府部门在设施选址与建立过程中的权利与义务，该法的实施在监督政府部门对公共设施选址方面发挥了重要作用。之后随着污染项目的增多，1971 年日本出台了《特殊工程污染防治法》，对一些涉及放射性、噪声、废气和废水排放的工厂项目建设提出了更高的法律标准，标志着政府对"邻避"设施建立的高标准要求，提高了民众对"邻避"项目的认可度，完善的法律法规有效规避了"邻避"冲突的爆发。

二是制定完善的政府和企业信息公开制度保障公众知情权。《行政机关保有信息公开法》《对环境省保有的行政公文提出公开请求作出公开决定的审查基础》《日本信息公开法》等法律法规明确了政务信息公开要求。《污染物排放和转移登记法》规定企业有义务公布有害物质排放量报告。这些信息公开的制度切实保障了公众获取相关信息的权利，消除了公众与政府、企业之间的信息差。

三是通过细化公众参与法规保障公众参与权。日本从《环境基本法》《环境基本计划》到《环境影响评价法》《大气污染防治法》《噪声控制法》等中都规定了政府应当鼓励公众和社会环保组织参与到环境保护的整个过程中，保障公民能够合法参与。除上述普通法律法规外，日本针对不同类型的"邻避"项目制定了相应的项目选址专门法。保证项目相关信息的公开透明是日本"邻避"设施选址立法的特征之一。如《原子反应堆等控制法》中针对原子能发电站的选址问题进行详细规定，其中明确规定在选址阶段应及时公开可能产生的有害物质的排放量，或与当地居民有直接利害关系的信息。日本政府通过一系列法律活动切实保障了公众的知情权，促使公众环境知情权实现法律化、制度化，从根本上减少"邻避"冲突的产生。

四是通过完善的司法程序保障公众监督权。日本政府制定了《公害纠纷处理法》《公害健康被害补偿法》等，用完善的司法程序来保障公民的监督权。此外，日本政府还建立了由公众代表参加的公害监督委员会，委员会是将公众意志反映到公害控制中的重要渠道，可保障公民监督权的有效行使。

6.2.2　规范的公众参与全流程

日本"邻避"项目的建设全流程都不乏与公众互动沟通的身影，公众参与已渗透到项目选址、环评、建设和运行等环境管理阶段全过程。日本公众参与制度明确要求选址阶段当地政府公募召集市民以及地方自治体来参与选址讨论，保证关键节点的公众参与，组成市民代表参加的委员会，不论是从前期规划论证还是后期计划实施，当地居民都有机会参与到"邻避"项目建设的各个环节当中。在环评阶段，需通过设置环境影响评价草案公开审查环节充分征求公众意见，要求项目提议者通过举行听证会让公众了解草案，开展市民讨论会，向市民说明设施对环境的影响、环境保障措施、调查结果等。在项目建设和运行阶段，通过向市民公开说明建设方案、开展公益服务和签订安全协议等形式接受公众监督，每年进行数次的环境监测，全部向居民公开。贯穿全过程的公众参与制度设计和丰富多样的公众参与方式保证公众在项目建设的任何环节都可以有效地发表意见。项目全流程公众参与人员与内容见表6-1。

表6-1　项目全流程公众参与人员与内容

	前期策划			规划设计、实施建造、运营	拆除与再利用
参与人员	一般公众代表、专家、政府	备选地公众代表、专家、政府	建设地公众代表、专家、政府	建设地公众代表、政府、承建商	一般公众代表、建设地公众代表、专家、政府
参与内容	参与确定项目公众参与范围、形式、途径，项目功能与目标	参与确定项目选址方案	参与确定承建商与环境补偿方案	监督全过程	参与确定拆除与再利用的实施方案

6.2.3　良好的社区社团互动

日本高度重视发挥居民组织和社会团体的作用，充分发挥社区在环境治理中的作用。社区积极参与相关政策的制定，并在社区居民中进行环境教育和推广活动。为了保证环评过程和结果的独立性、公正性和公信力，环评机构和专家不是由环保行政主管部门指定，而是由中介机构或者公共团体予以选任。此外，地方公共团体也会定期向公众发表公害调查及监测的结果，使公众清楚公害的状况，并建立由公众代表参加的公害监督委员会，将公众的意志反映到公害控制中。

在日本，政府鼓励社会环保组织参与环境保护工作，每年会出资一定金额来资助百余家环保社会组织开展活动，国家和地方政府成立不同层次的环境保护组织，这些环保组织参与主体范围广、地位平等。日本环保社会组织为社区提供环境保护的教育及学习的机会，对政府及私营部门的行为进行监督，提交环保相关建议，为政府及公司管理者举办环保相关的研讨会。环保社会组织充分发挥桥梁和纽带作用，推动市民、企业和政府之间有效沟通互动，在"邻避"项目公众参与中发挥了重要作用。

6.2.4 完善的环境教育制度

日本公民对自身环境健康权利有相对清醒和深刻的认识，在公众参与认知和社会环境方面表现得较为成熟，更注重以法律和制度手段保障自身的权益，这主要是源于日本的环境教育制度。日本政府在环境厅设置环境教育专门官、设立日本环境教育学会、扶持环保社会组织开展科普活动，这些体现了日本对环境教育的高度重视。例如，为了消除民众对垃圾焚烧的恐惧，日本政府、学校和社会各界都特别注重社区层面的垃圾焚烧知识科普和环保宣传，通过参观教育、公益宣传、科普论坛等方式，向公民科普和宣传与项目相关的专业知识，培养公众的环境意识。在垃圾焚烧发电厂建设运营时高度关注社区融合，让民众了解相关科学知识的同时也向公众开放厂区，让公众随时了解焚烧厂的运作情况。环境教育切实提高了日本公众的环境意识，使日本公众的环境保护由被动参与转化为主动参与，同时为公众参与提供了有效的途径。

6.2.5 高标准的安全措施和技术保障

日本公共设施建成后必须通过严格技术审核与安全评审才可以投入运行，如日本千叶县石化工厂，在通过严格的法律审核之后，仍然持续对全体职工进行安全操作培训，同时根据项目实际设计独特的保护措施。一些"邻避"风险突出的项目积极改进污染防治技术，建设污染处理设施对运行过程中产生的飞灰、废气和污水等进行有效处理，并实行全流程智能化与可视化运行。同时日本"邻避"项目的建设会伴随一系列的优质公共设施资源的配套，如大面积的公园、室内游泳池、热带植物园等公共设施，居民接受"邻避"项目就可以免费享受这些优质公共资源，提高了"邻避"项目所在区域的居民生活环境质量，这样既提升了"邻避"设施在公众内心的接受度，同时也创造了更多社会价值。

6.3 日本经验对我国应对"邻避"问题的启示

6.3.1 建立完善"邻避"相关法律体系和管理制度

从日本环境管理法律法规体系的发展和环境管理体制的完善过程来看，法治化、现代化是保护生态环境、防止公害问题发生的根本方式。日本水俣病的暴发促进了日本环境法律体系的建立和完善，从根本上推进了国家环境治理法治化、现代化进程。环境管理体制的不断完善，更确保了法律可以通过有效的管理体系执行到位。

我国可探索参考日本《公害纠纷处理法》等法律法规，研究是否出台专门的法律法规解决类似的利益冲突问题，或出台部门规章制度解决矛盾，并同步制定相关的执行办法，确保矛盾解决的过程有法可依、有章可循。

制定完善的公开制度和司法程序保障公众知情权和监督权，同时，探索完善"邻避"项目公众参与法规制度，建立贯穿"邻避"项目建设始终的公众参与的制度体系。完善公众参与代表选拔机制，优化公众参与主体结构。

6.3.2　保障程序公正和对话充分有效

公正的程序，进行公正的资源分配是解决"邻避"问题的重要条件之一。许多"邻避"案例已经表明，如果前期程序公正，利益相关方往往能够接受即使是对自己不利的结果。一般而言，结果不公造成的"受害感"可以通过后续补偿措施加以减轻，但机会不公造成的"受害感"则极易导致"受害者"对政府及事件处理程序失去基本的信任，破坏各方协商对话的起点和基础。从这个意义上看，在"邻避"事件中让事件"受害者"感到机会公平有时比实际的结果公平更为重要。在"邻避"项目全过程中，必须高度重视并坚持程序正义，保证制度性的信息公开，在事件进展各环节注重对公众进行及时和充分的告知。

从日本解决环境公害问题的方式看，各方对话的焦点是对自身权益、环境权益和损害程度的争论。解决手段上，由当地政府（议会）牵头，引入专家力量（如熊本大学水俣病研究团队），邀请利益相关方共同商讨环境公害问题的解决策略，这种方式成为日本解决环境公害问题的重要手段。从熊本水俣病、东京都垃圾战争的爆发和解决过程来看，只有汇集利益冲突各方共同对公害问题进行对话探讨，与政府、企业一道谋求可行、可能的解决路线，才有可能彻底解决公害问题，通过对话了解各利益相关方诉求，有利于促进矛盾解决。我国"邻避"问题的解决，也应更好地利用沟通和对话机制，在利益冲突爆发前就对话沟通，把问题和诉求"摆在明面上"，把风险化解在前期阶段。

充分发挥环保社会组织的桥梁纽带作用。在公众参与中引入环保社会组织帮助收集、整合公众诉求和意见，并可以代表公众利益和政府进行沟通协商，搭建沟通桥梁，传达社情民意，缓和项目附近居民与政府之间的矛盾，并通过其丰富的环保知识、组织经验以及对本地情况的了解，有针对性地弥补目前公众参与不足，帮助解决公众"参与无门"的问题。

6.3.3 与社区社团利益共享

合法合理的利益共享是解决"邻避"问题的有效方法。"邻避"设施是城市社区的组成部分，做好利益共享工作，积极回馈反哺社区公众，有利于解决好设施和居民之间的邻里关系。东京都二十三区内的 23 家生活垃圾焚烧厂中，有 19 家都向厂外提供热水、蒸汽或电力。丰岛区生活垃圾焚烧厂在办公楼内不同楼层分别开设了参观中心、老年人活动中心、社区体检中心、社区运动中心（如武道场、游泳馆、健身房等）等多个社会公益设施，每天都有近千人次的社区居民前往活动。杉并区生活垃圾焚烧厂利用焚烧及蒸汽余热，开设了游泳馆、图书馆和温泉，居民既可以享受运动和阅读乐趣，也可以在温泉里放松享受。

这些生活垃圾焚烧厂主动反哺社区、共享发展利益的做法，进一步增加了周围居民对项目的接纳度，成为巩固公众对类似项目建设信心的关键一招。国内部分有条件的生活垃圾焚烧项目，可参考日本企业相关做法进行改造，与周围居民共享发展红利。

6.3.4 加强环境宣传教育，走可持续发展路径

"邻避"设施引发公众不满或反对的重要原因，就是由于对其了解不足造成的信息不对称，既包括对该项目运作和操作模式的不了解，也包括对设施环境影响的不了解。公众难以有效得到项目信息是导致"邻避"设施难以在社区中和谐运行的重要原因。因此，要使"邻避"设施能够长期、稳定、和谐地在社区中运行，需以可持续发展的思想为指引，在"邻避"设施运行过程中，通过主动发放宣传材料、制作宣传视频、开放内部参观、公开环境监测数据等方式，让"邻避"设施周围的居民深入了解项目、打消疑虑。这也是从另外一个角度实现了对周围公众的环境教育，提升了公众和企业的环境保护意识。实际上，日本很多城市垃圾焚烧厂都采取了类似的手段，接受公众监督和参观学习，这也是日本很多垃圾焚烧厂建在城市核心区域却未发生大规模"邻避"事件的原因。例如，东京都丰岛区、杉并区生活垃圾焚烧厂每年接待参观人次超过 4 000 人次。因此，积极推进我国"邻避"设施对外开放工作，扩大开放范围和内容，鼓励团体自由参观等多种方式，吸引周围居民和相关人士参与，能够有效消除公众疑虑，提升"邻避"设施的接纳程度。

此外，还应多渠道、多层次开展环保宣传教育，推动公众参与意识和能力的提高。立足学校，将环境教育纳入学校整体发展规划，融入、渗透到学校管理及教学的各个环节。立足社区，组织环保志愿者、基层环保干部进社区，摸清群众身边的环保诉求，发放环保宣传资料，组织环保活动等。立足重大环保节日，开展有深度的环保活动，如组织公众参观环保科普基地、污水处理厂、空气自动监测站、垃圾发电厂等，全面提升公

众的环境认知水平。此外，通过多种渠道普及环保法律知识，帮助公众正确了解参与环境保护的权利和义务，引导公众合理有序参与"邻避"项目，打消"法不责众"的搭便车心理，合法维护自身权益。

随着社会的不断发展进步，物质生活水平的不断提高，人们对环境的要求也不断提升。这就督促我们在现有环保设施的基础上，不断探索新技术，积极改进现有污染防治技术，使污染处理设施在高标准严要求下清洁运行，同时，配套建设优质公共设施资源，走环境友好的可持续发展路径。

第4篇 专题分析

7　环境社会治理视角下的环境"邻避"问题应对路径

进入新发展阶段，公众对优美生态环境的需要日益增长，对生态环境影响的敏感性普遍增强，特别是对于负外部性强的"邻避项目"，其论证、审批、建设过程中往往触及公众日常生产生活并造成持续影响，公众对其尤为敏感和关注，若诉求不能及时解决，往往容易引发社会矛盾，甚至酿成群体性事件。环境社会治理强调将社会力量、共治手段作为防范化解环境风险和社会矛盾的重要补充，构建"多方共建、多元共治、成果共享"的环境社会治理共同体，其理念能够为解决"邻避项目"风险应对过程中的症结问题提供有益借鉴。

7.1　环境社会治理与应对环境"邻避"问题的契合

党的二十大报告强调"健全共建共治共享的社会治理制度，提升社会治理效能"。中共中央办公厅、国务院办公厅印发的《关于构建现代环境治理体系的指导意见》明确提出健全环境治理全民行动体系的顶层设计。"十四五"生态环境保护工作进一步明确了加快构建现代环境治理体系，形成导向清晰、决策科学、执行有力、激励有效、多元参与、良性互动的"大环保"格局的目标要求。这些都为做好新发展阶段环境社会治理工作提供了指引和遵循。

环境"邻避"问题的防范与化解，是环境社会治理最全面、最生动的体现之一。以环境社会治理理念破解环境"邻避"问题，核心是将对生态环境的保护治理与人文、社会因素同时重视，提升风险治理韧性，系统应对。具体来讲，就是要走"共建、共治、共享"的社会治理路径，实现由单一的政府管制转变为政府、企业、社会团体和公众共同发力，相向而行。

共建，即为项目周边社会个体和群体提供机会，引导各类社会主体有序参与项目布局建设。环境"邻避"问题复杂敏感，涉及环境权益、安全稳定，甚至关乎政府公信力。应本着政府、社会合作的原则，增进党委、政府与市场主体和社会各方的互信及沟通；完善政策安排，为市场主体和各种社会力量提供更多发挥优势的机会，推动部分治理权责由政府部门向专业化社会力量让渡，增进"邻避"项目相关各类主体之间的平等协商、合作互动。

　　共治，即发挥基层组织、社会组织优势，共同参与建设项目风险监管和治理。各级党委、政府处于重大事项协商决策的核心，一方面，应推动环境治理范围向"下"延伸，发挥基层社会治理在发挥人民民主、维护社会公平正义方面的突出作用，扩大基层社会治理事务范围，将矛盾化解在基层；另一方面，也应推动环境治理范围向"外"延伸，发挥公众和环保社会组织在企业环境治理方面的监督约束作用，增强社会自治效能，努力形成社会治理人人参与、人人尽责的良好局面。

　　共享，即合理分配、共同享有项目建设带来的成果，消除"相对剥夺感"。加强和创新环境社会治理，归根到底是为了不断满足人民日益增长的美好生活需要。一方面，应注重完善环境权益保护、就业民生保障、公共服务监管和损害赔偿等机制，以公众实实在在的获得感、幸福感、安全感平衡项目建设的负外部性，即把蛋糕"做大"；另一方面，也应做好项目建设成果和补偿在区域内的合理分配，政策向距离最近、影响最大的利益受损群体倾斜，消除"相对剥夺感"，即把蛋糕"切好"。

7.2　依托环境社会治理破解环境"邻避"问题的实施路径

　　涉"邻避"建设项目往往是生态环境领域与公众利益密切相关、社会涉及面广、需广泛征询民意的民生决策事项，探究以共建、共治、共享的环境社会治理理念应对环境"邻避"问题，具有得天独厚的优势。其中需要优化政府、企业、公众等各类主体的行为规范和互动规则，在责任共担、权力共享中实现建设项目资源、责任和成果的科学分配，以得失平衡破解环境"邻避"问题。

7.2.1　激发公众参与"邻避"项目推进全过程的活力

　　项目布局建设的全生命周期都与其周边公众权益密切关联，解决公众对"邻避"项目的抵制，除落实法定的环境影响评价公众参与制度外，还应想方设法维持公众参与意愿，引导公众参与向项目建设的上下游延伸。

　　第一，充分发挥绿色金融对绿色低碳、环境友好型企业的支持作用。引导当地公众通过购买涉"邻避"行业绿色金融债券等方式，支持龙头企业项目建设，让公众以投资者身份参与项目建设的同时，自身也可获得稳定收益。

　　第二，扩大各级政府重大决策咨询委员会的参与主体范围。针对涉"邻避"项目选址论证等重大议题事项，吸纳利益相关方代表参与论证和评估。广州市设立由专业人士、利益相关方代表、市民代表、人大代表和政协委员组成的重大民生决策公众意见咨询委员会，真正为公众代表了解情况、收集建议、讨论议题、督促监督、宣传通报赋能，提升公众合作意愿，弥合"官方"和"民间"两个舆论场之差。

第三，鼓励打造生态融合、便民惠民、社区和谐的工业生态设计示范企业。依托建成项目向周边公众供电、蒸汽供热、提供焚烧残渣制砖等作为绿色产品回馈，项目的免费设施、休闲场所、洒水降尘绿化等作为公共服务回馈，增进项目认同。打造环保科普教育基地，依托科普教育基地建立长期的知识共享机制，为公众表达话语、生产知识、平等交流提供平台，打造政府、企业、公众良性循环样板。

7.2.2　健全预防和化解环境"邻避"矛盾机制

第一，健全信访工作机制。建立健全生态环境信访投诉各项规章制度，优化全国生态环境信访投诉举报管理平台设置，发挥其在靠前识别、依法处置"邻避"风险方面的突出作用，塑造一个既有稳定"刚性"，又有沟通协商"韧性"的社会环境。

第二，健全生态环境投诉举报激励补偿机制。鼓励各地结合《关于实施生态环境违法行为举报奖励制度的指导意见》创新落实举措，针对群众高度关注、生态环境危害程度高、社会影响深远的垃圾焚烧发电、石化、涉核等重点领域敏感项目，适当提高举报奖励标准。

第三，完善人民调解、行政调解、司法调解联动工作机制。完善资源整合、科学分流、效力对接的制度机制，实现"三调"联动。

第四，健全舆情引导和沟通机制。自媒体时代，舆论场主阵地的话语权往往决定着"邻避"风险的走向。一方面，电视台、通讯社、"两微"客户端等主流舆论场应发挥"传播器""稳定剂""宣传员"的作用，在国土空间规划、城市规划、产业规划等前期阶段提前部署，寻求公众对产业发展、项目布局理念和目标上的认同。另一方面，主流舆论场也应主动转变话语体系，以精简、互动性强的姿态与民间舆论场，特别是意见领袖沟通对话，借助民间舆论场传播科学信息，消除信息偏差。通过环保知识的互补，实现公众（特别是网民）批判者、建设者双重身份的结合。

7.2.3　优化环境社会心理服务

心理学角度上，"邻避"问题源于项目建设给公众心理层面带来的"不公平感"和"相对剥夺感"。因此，除从根本上满足公众环境健康、信息获取、参政议政、检举控告、损害救济等各项权益外，对公众心理情绪的纾解和引导，亦是消解"邻避"冲突的重要方面。

主体上，项目所在地可依托综治中心，建立健全由心理服务工作者、环保工作者、人民调解员、法务工作者等共同组成的咨询队伍或社会工作室，及时向相关利益群体提供心理辅导、情绪疏解、知识普及等服务。

内容上，聚焦"邻避"项目污名化、感知不公、群体认同等最易引发风险的关键问题和环节，宣传推广典型项目，践行互利共赢模式，维护环境健康权益等正面经验做法，消解社会戾气。

方式上，求助帮扶、心理疏导、法律援助并举，有针对性地解决公众核心诉求，塑造守法有序、理性平和的社会心态。

7.2.4　补齐"邻避"基层社区治理短板

基层是直面环境"邻避"冲突的前沿，环境社会治理的重心也应向基层下移、向市场和社会倾斜，实现政府治理和社会调节、居民自治良性互动。一方面，探索将环境"邻避"问题纳入基层社会治理事务，积极推进基层网格化管理，鼓励有条件地区通过基层网格员开展环境"邻避"风险隐患排查工作，靠前识别风险，并做到能处置的尽量处置。另一方面，研究将解决"邻避"纠纷相关工作以自治章程、村规民约、居民公约等予以规范和约束，引导村（社区）公众通过签订《承诺书》等方式自觉遵守。此外，还应推广"街乡吹哨、部门报到"工作机制，发挥其在解决环境"邻避"问题等涉及多部门事项时的显著优势，主动为街乡赋能，明确其维护安全稳定、营造良好环境、促进社会共治的职能定位，推进执法资源下沉，使其有权管事、有人干事、有钱做事，切实提高基层治理效率，将"邻避"风险化解在基层、前端。

7.2.5　加强环境社会治理技术服务支持

环境社会治理属于新兴、交叉领域，其研究和探索仍需在现有基础上进一步提升。应广泛汇集环境科学、人文社会科学等领域专家学者、企业公众代表和社会力量，围绕环境社会治理的思想基础、制度体系布局和实践探索等增进学术交流、共享经验成果。以破解建设项目环境"邻避"问题为前期环境社会治理的突破口，逐步推动环境社会治理扩面、提质、增效。引导、支持各类公益慈善基金会专题设立生态环保类公益基金，专题助推环保公益事业发展。加强对具有公益性、服务性、互助性环保社会组织的扶持和培育，支持行业协会、商会类社会组织发展，鼓励其配合、参与公益环保和志愿者活动，释放环保社会组织微治理效能。推动政府、企业、公众通过目标协同，过程同步和互相呼应配合做好环境社会治理工作。

专栏4 创新环境治理模式从"闲人免进"到"城市客厅"
——常州市某垃圾焚烧发电项目

常州市某垃圾焚烧发电项目位于居民区、商业区、工业区和旅游景区四区交汇处，是全国唯一建设在城镇中心的垃圾焚烧发电项目。项目原址存在垃圾露天堆放、垃圾焚烧工艺落后等技术和管理问题，对周边环境产生了负面影响，加重了项目的"邻避效应"，特殊地理位置也增加了建设及运营压力。项目以"让政府放心、让群众满意"为宗旨，推进垃圾能源化、减量化、无害化，严格规范管理，积极履行社会责任，主动向公众开放，接受社会监督，建成运行十多年来与周边社区居民邻里和睦，从未收到过环境污染投诉，还因良好的环境拉动了厂区周边餐饮、住宿消费，推动了服务业的蓬勃发展。该项目破除了垃圾焚烧发电项目不能长期稳定运行的固有刻板印象，实现了经济效益和环境效益"双赢"，成为常州市一张亮丽的"城市旅游名片"。

（一）秉承开放姿态，积极推进"走出去，请进来"

项目建设伊始，常州市政府就积极"走出去"，组织当地村民前往上海、苏州、宜兴等地标杆垃圾焚烧发电厂，破除对垃圾处理项目"脏、乱、差"的固有印象。

项目建成后，企业秉承开放姿态，把全国各地慕名而来的政府部门、企业、社区居民等"请进来"，主动邀请他们亲身体验环保设施的建设和运行情况，助力其他城市在建或停滞的项目有效破解"邻避"困境。一是主动公开，民主监督开放化。项目烟气排放各项指标与常州市环保部门实时在线联网，主动接受政府部门的监督。厂区大门外实时显示工厂高标准的烟气排放指标，24小时不间断接受公众监督，并将在线烟气排放小时均值向社会公示。二是全力保障，开放工作制度化。在生态环境部、住房与城乡建设部的指导下，项目成立由管理层任组长、分管部门和相关业务部门负责人任成员的领导小组，形成以综合管理部为主体、生产及技术骨干参加的专（兼）职讲解员队伍，统一培训、统一考核，考核通过后挂牌上岗。三是用心组织，开放流程规范化。制定《公众开放接待管理办法》，自2016年起将每月的第一个周末设为公众开放日，接受公众电话或电子邮件实名登记预约参观，并于2019年在常州城市管理网站及常州经济开发区工业旅游公众号上新增了预约参观报名通道，帮助公众多渠道、多角度了解信息。四是精心设计，宣传方式多元化。针对学生、专家等不同来访群体设计不同的接待方案；在"世界地球日"等重大环保节日组织员工进社区、进校园开展环保科普宣传活动；组织开展"跟着垃圾去旅行"等一系列环保科普主题实践活动和研学旅游活动，寓教于游、寓教于乐。

（二）全面提升质量，坚持做到四个"经得起"

打造美观和谐的花园式工厂，经得起"看"。为进一步提高附近居民的感官感受，项目融污染物处理与休闲景观建设为一体，积极实施烟囱、厂区外墙和主厂房内部美化、亮化工程，并开放厂区部分基础设施、景观设施供周边居民使用，让公共设施与居民、社区形成利益共同体，实现共建、共治、共享。投资 1.4 亿元对项目实施"厂界开放+超低排放"提标改造，拆除现有围墙。新建环保科普馆、秋白书苑、健身广场、咖啡厅及篮球场、儿童游乐场等便民惠民设施，为周边居民打造舒适宜人的休闲区。2020 年 7月，项目正式对外开放，全国首个无围墙垃圾发电示范工程"厂界开放"全新亮相。

严格运营管理控制臭气外逸，经得起"闻"。项目积极引进垃圾仓除臭新工艺、新技术，常州市城市管理局也投入资金，更换并修复垃圾运输车辆，大大改善了垃圾运输车辆质量，减少"跑、冒、滴、漏"等现象，加大臭气外逸控制措施，优化垃圾车运输路线，加强对运输车辆监管和周边运输道路的保洁工作，消除垃圾运输车辆在运输过程中对周边环境可能产生的影响。

采用科学方法避免噪声扰民，经得起"听"。合理布局，采取绿化隔离降噪措施；汽轮机房、锅炉房等选用隔声、消声性能好的建筑材料。对锅炉、风机、汽轮发电机组、各种泵类等主要机械设备增加减震块、隔音罩等。此外，加强管理、机械设备的维护，经常进行噪声水平测试，消除隐患。

提升环保技术树立行业高标准，经得起"测"。先后进行烟气排放指标全面提标，垃圾渗滤液处理站改、扩建，冷却塔除雾改造、辅助燃烧器改造、"装树联"相关技术改造和垃圾运输栈桥封闭改造。

（三）全过程贯彻以人民为中心，实现村企和谐一家亲

早在项目动工建设前，企业方就要积极与周边居民进行交流互动，作出结合实际需求为居民提供就业机会的承诺。同时，加强与厂区周边居民联动，拿出部分资金资助改善周边社区公共资源配置，使项目真正融入社区，实现项目与周边 10 万居民和谐相处。

建设运营过程中，项目综合考虑当地社区及村民等不同主体的利益需求，通过增加就业机会、村企共建、定期座谈交流等活动，积极打造"政—企—民"利益共同体，实现了与当地社区及居民和谐共存、和谐发展的目标。

项目建成后，常州市政府与企业协同推进，建立多维度"政—企—民"信息沟通渠道与机制；市内各相关部门及各大媒体等与企业建立联系平台和沟通机制；当地镇党委、镇政府及镇各相关部门也与企业建立紧密联系与沟通机制；村（社区）还与企业建立定期沟通联系机制和居民定期参观座谈机制，合作共建多个环保科普教育基地，形成发展共谋、责任共担、成果共享的工作局面。

8　发挥环评与稳评制度衔接在协同预防环境"邻避" 风险方面的作用

环境影响评价制度（以下简称环评）和社会稳定风险评估制度（以下简称稳评）是建设项目前期决策程序中的两项重要制度，两项制度实施以来，分别对项目准入发挥了积极的"关口"作用。由于环评和稳评可以从源头有效预防因环境影响而引发的社会风险，加强两项制度的有机衔接、提升制度"合力"事关协同预防环境"邻避"风险的效果。然而，由于顶层设计的缺失和我国各相关管理部门"各自为政"的体制约束，两项制度自实施以来一直独立开展，衔接不足，项目"邻避"风险的防控呈现"碎片化"，难以做到密切协调、步调一致。两项制度在适用对象上范围不一，评价目标上各有侧重，公众参与规范性上各有差异，对相互衔接造成了实际困难。实际操作层面上，环评制度改革已取得显著实效，环评的边界逐步厘清，涉及社会风险的相关评价内容已剥离；反观稳评制度，稳评由于本身涵盖内容和要素众多，缺乏科学的评估技术手段和指标，对因环境问题引发的社会风险的评估从制度上、技术上并未明显予以强化，造成环评将有关内容"抛得出"，而稳评在现有机制下并不能确保"接得住"的状况，在源头预防因环境问题引发社会风险的作用发挥方面出现脱节现象。探讨加强两项制度的衔接方式，协同预防环境"邻避"风险，是新时期开展环境"邻避"问题防范与化解工作的重要一环。

8.1　两项制度衔接的先天优势和有利条件

8.1.1　适用范围的契合性

依据《中华人民共和国环境影响评价法》，环评适用于可能对环境产生影响的规划和建设项目。2018 年 4 月 28 日修订实施的《建设项目环境影响评价分类管理名录》根据行业类别和环境影响程度，列出 50 项共 191 类建设项目。稳评目前尚未有国家层面的适用范围名录，依据《关于建立健全重大决策社会稳定风险评估机制的指导意见（试行）》（中办发〔2012〕2号)、《重大固定资产投资项目社会稳定风险评估暂行办法》(发改投资〔2012〕2492号),稳评适用于直接关系人民群众切身利益、涉及面广、容易引发社会稳定问题的重大决策、重大项目和其他重大事项。本着"应评尽评"的原则,一些地方细化了稳评适用的范围,河北、山东等地规定按照环评分类管理名录编制环境影响报告书的建设项目,都应开展稳评工作。因此,从适用范围看,两种制度均适用于垃圾焚烧发电、化工、涉核等环境"邻避"问题比较突出的项目。适用范围的契合性,是实现两项制度衔接的重要前提。

8.1.2　实施程序和责任主体的相似性

实施程序方面,山西、四川、重庆等一些地方在实践中,曾经明确将稳评结果纳入环评中,作为环评审批的重要依据,从程序上开展了两项制度衔接的探索。在国务院提出简政放权的部署和要求后,环评等制度的审批程序进行了改革,但总体从实施程序上看,两项制度均是在项目开工建设之前实施,作为项目决策的重要依据,由实施主体委托第三方机构并联开展。开展时间的同步性,为两项制度提供了衔接的客观条件。在"一专多能"的市场环境需求下,一些第三方机构依法取得了环评、工程等咨询资质,可以同时承接环评、稳评咨询工作,为两者更好的衔接提供了可行的现实条件。

责任主体方面,环评的责任主体是项目建设单位或规划编制单位;稳评的责任主体一般按照"谁主管谁负责"的原则,由决策提出部门或项目建设单位承担。可见,对于"邻避"项目来说,环评和稳评的责任主体是一致的,这对于两项工作推进过程中,有关评价内容、结论以及信息公示、公众参与的衔接非常有利。

8.1.3　"公众参与"目的和实施方式的一致性

环评和稳评的公众参与均是与公众进行风险沟通的重要渠道或平台,是推动公众合理表达诉求、化解"邻避"风险的有效途径。两项制度公众参与沟通的角度和内容有所不同,但目的是相似的,即通过沟通,改变公众对风险的感知,增进公众与政府、公众与企业之间的相互信任和了解。同时,两项制度公众参与实施主体和对象范围的相似性,也为加强衔接提供了条件。事实上,在实际工作中公众也不会对环评和稳评的公众参与特意加以区分,而是均将其作为充分对话、表达各种诉求的窗口。加强两项制度公众参与的衔接,还可有效避免不同机构、不同时段对公众沟通过程中信息传递不一致、前后矛盾及反馈不及时等问题,提升公众对政府、企业及第三方机构的信任度。因此,探索将环评与稳评的公众参与结合,由项目实施主体组织开展,在实施层面具有较好的可操作性,并且可以预期,将对防范与化解环境"邻避"风险起到积极作用。

8.2 以制度衔接协同预防环境"邻避"风险的具体路径

实现两项制度有效衔接的目的在于最大化地发挥制度效能，更好预防因环境问题引发的社会风险。两项制度既存在交叉之处，又有互相不能承载的内容和功能。因此，在衔接过程中，并不是削弱谁或替代谁的问题，而是通过顶层设计，加强两者在法规制度、程序和管理上的有机衔接，实现对"邻避"风险的最优化防控。

8.2.1 制度体系衔接

法规制度体系的衔接是加强两项制度长效衔接的基础。一是要推动将稳评纳入法治化轨道。提升稳评的法律地位，明确审批权限，增强稳评制度强制性和执行力，充分发挥其防范社会风险的作用和权威性，为两项制度的衔接奠定法制基础。二是加强两项制度适用范围的衔接。各地在推动简政放权的过程中，要避免过度下放环评审批权限或简化审批程序，对规模小但环境影响比较复杂、"邻避"效应突出的项目要纳入环评审批程序，强化前端预防。同时，完善社会稳定风险评估制度设计，明确适用范围，并与环评适用范围相衔接，尤其针对有"邻避"效应的项目，应同时纳入稳评和环评适用范围内。三是探索建立独立的公众参与制度，加强环评、稳评与公众参与的衔接。探索建立新的公众参与制度，将环评、稳评的公众参与融为一体，制定相关办法，规范信息公开、公众参与的一般要求、组织形式、开展内容和开展时间等。由重大决策的制定主体或项目的实施主体作为公众参与的责任主体，征求公众意见并对公众反馈的意见作出反馈与处理。避免环评、稳评等不同事项反复征求公众的意见，造成资源的浪费，降低风险沟通的效率。

8.2.2 程序衔接

当前，环境"邻避"事件的显著特点之一是爆发点不断前移，防范与化解"邻避"风险重在项目前期。因此，从程序上，环评和稳评的衔接应尽早开展。环评有必要在项目规划或选址的阶段提前介入，并与稳评相衔接。对于可能产生社会稳定风险的规划等，在落实规划环评的同时，规划编制部门也应主动开展稳评，从环境影响和社会风险的角度优化规划内容和布局，降低后期项目建设带来的社会风险。

在程序上实现两项制度有效衔接的方式包括：一是强化环评与稳评编制机构的信息资源共享，充分发挥决策制定部门和项目建设单位等主体的责任意识，及早开展相关工作，加强两者的衔接。二是完善稳评评估程序，加强公安、生态环境等主管部门的联动，在涉及环境"邻避"项目的稳评报告咨询审查过程中邀请生态环境主管部门参加。

8.2.3   管理衔接

一是强化稳评管理机构建设。各级政府建立相对独立的社会稳定风险评估专门机构，由专人来负责具体推动稳评制度建设、评估规划、工作落实，为稳评和环评制度有效衔接提供基础保障。二是推动制度落实。进一步落实环评和稳评有关规定要求，推动两者由重大项目向重大决策和规划等范围覆盖，在决策或规划出台前，就将环评与稳评进行衔接，科学分析环境影响和识别主要风险，制定相应的环保措施和风险防范措施，尽早消除"邻避"风险隐患。三是加强能力建设。环境"邻避"风险不是一个简单的技术或科学问题，其具有一定的主观性和建构性，风险规制面临更大的合法性和合理性压力，因此需要培养相关学科的人才，制定和细化稳评机构准入条件和从业人员资格条件，保证稳评评估结果的科学性和权威性。不断培育和壮大第三方机构力量，使其同时具备开展环评和稳评的能力，为两者有效衔接提供条件。

专栏5   统筹项目建设与风险化解变"邻避"为"邻利"
——广东省某生活垃圾焚烧发电项目

广东省某生活垃圾发电项目占地433.64亩（1亩≈0.066 7公顷），总投资12亿元，处理规模为2 500吨/日。该项目于2017年5月启动，建设时发生群体性事件而停止，2020年重启建设，2021年机组并网发电成功。项目重新启动以来，"零上访""零群体性事件"平稳落地，实现变"邻避"为"邻利"。

项目牢固树立底线意识，将防范化解风险隐患贯穿项目建设全过程，积极运用技术手段加强风险监测、预警和处置，全力保障项目顺利推进。

一是加强舆论引导和舆情监测。把垃圾分类处理纳入全面教育体系，累计开展生活垃圾分类宣传"六进"活动200多场次，派发宣传资料40多万份。在项目涉及的4个县（市、区）中小学校广泛开展垃圾分类、垃圾无害化处理等主题宣传宣讲活动和"小手拉大手"活动，借助学生扩大对家长的科普宣传面。新建环保科普馆，组织项目周边群众2万多人次赴东莞、广州参观垃圾焚烧发电厂，引导群众科学看待垃圾焚烧发电，消除误解，凝聚共识。策划创作多部原创视频，点击量超20万人次。加强网上舆情监测，实施每日报告制度，及时发现处理问题，避免负面舆情炒作。

二是认真开展社会稳定风险评估。项目选址确定之后，深入开展项目稳评、环评、土地调规、立项核准及报建等各项工作。组织25个驻村工作组全面开展进村入户工作，组建22个专职工作小组对项目选址中心区域的村委会22个村民小组实行"一对一"走访联系，详细掌握该项目可能引发的社会稳定风险，并制定有针对性的防范措施。经过系列流程，顺利完成各项前置行政审批手续。整个项目从规划选址到项目建设，全部符合法律法规和相关程序。

三是强化日常监督管理。通过明察暗访、部门联合开展检查等方式，督促项目建设单位增强防风防汛、水土保持等安全防护工作。指导各参建单位签订安全生产责任书及联合安全管理协议，组织项目建设单位定期开展高处坠落、有限空间、防汛防洪等应急演练，深入开展"安全生产月"活动，有效构建起较为完善的安全生产保障体系、安全监督和质量监督体系。

9　提升环境信息公开能力和质量，助力破解"邻避"问题

进入新发展阶段，公众对美好生态环境质量的期待日益提高，越来越多的人关注重大项目或决策推进过程是否损害其环境利益，主动获取政府环境信息的需求激增，在当前环境风险隐患日益增加以及公众环境利益意识逐渐提升的社会背景下，更应该发挥环境信息公开的应有价值，将信息公开作为环境保护公众参与的重要保障，强化政府、企事业单位等责任主体的信息公开义务，体现环境利益多元化背景下环境信息公开的灵活性，为公众的环境利益诉求提供有效畅通的沟通渠道。

9.1　新时代政府环境信息公开工作面临的新形势

习近平总书记在党的二十大报告中指出，要站在人与自然和谐共生的高度谋划发展。随着公众环保意识和维权意识的提高，公众对美好生态环境质量的期待日益增长，越来越多的人关注重大项目或决策推进过程是否损害其环境利益，如何通过政府环境信息公开更好地满足公众环境信息知情权和参与权已成为重要课题。总的来看，新时代政府环境信息公开工作遇到以下新挑战。

政府、企业、公众之间社会关系发生深刻变化，环境信息公开理念深入人心。"绿水青山就是金山银山"的绿色发展理念深入人心，广大人民群众热切期盼加快改善生态环境质量，企业自发推进绿色建设并主动提高自身环境保护能力，政府不断强化监管力量。在这个过程中，政府、企业、公众在生态环境保护中的社会关系不断转化，逐步从政府主导、企业配合、公众知晓向政府监管、企业自觉、公众监督的关系转化，形成了人人参与、人人共享、人人监督的局面。实践证明，通过政府公开的信息已经成为公众了解环境信息变化情况的重要途径和手段，必须更加注重信息公开的科学性、合理性。

公众主动获取政府环境信息的需求激增，政府应对依申请公开的压力日益增长。从近年来生态环境部公布的信息公开年报数据显示，其依申请公开受理数量较 2009 年《环境信息公开办法（试行）》印发时有较大增长。2009 年仅 68 件，到 2018 年高达 776 件，

增幅超过 10 倍，申请的内容以生态环境质量、中央生态环境保护督察信息、环境监测信息等居多。此外，对信息公开内容不满意的行政复议、行政诉讼数量也与日俱增，也进一步体现了公众主动获取环境信息和对获得高质量信息的意愿不断加强。同时，任何政府环境信息公开工作中的瑕疵都难以逃脱公众的关注，个别别有用心的人利用这些瑕疵进行恶意炒作，影响政府形象，对政府发布信息的权威性和严谨性提出挑战。

新媒体时代改变公众获取信息方式，要求政府信息公开须更快、更准、更有效。新媒体信息传播具有传播面广、传播速度快、信息互动强等明显优势，社会各阶层公众获取信息的渠道和方式更广泛，任何部门、组织和个人发出的声音都有可能受到公众的关注，稍有不慎就会引起公众的质疑。同时，由于新媒体时代网络信息产生谣言成本低、真假信息甄别难度大等问题，容易误导公众对政府的认知，形成负面舆论，这也给政府环境信息公开内容的准确性、时效性等提出了更苛刻的要求。

9.2　从"邻避"问题看政府信息公开存在的问题

"邻避"问题已经成为检验政府信息公开工作的"压力计"，政府信息越封闭，"邻避"问题压力值越大。事实表明，近年来由于一些"邻避"项目政府信息公开工作的时、度、效等处理不到位，容易激发周围群众的抵触情绪，形成负面舆论甚至群体性事件。由环境"邻避"问题折射出政府信息公开工作存在的主要问题如下：一是主动公开不及时错失应对良机。项目发生"邻避"问题后，基层政府部门对事态重视程度不足，没有及时分析"邻避"问题原因并研究对策措施，导致政府环境信息公开滞后，被动公开情况较为明显，时效性大大降低，错过了最佳应对时机。二是信息公开走形式影响公开效果。一些地方政府为促进项目落地往往会催促尽快完成项目前期手续，项目建设方囿于环境影响评价相关信息公开规定，不得不避重就轻，走形式公开环评信息，并以此作为项目已经充分做好环评公示的依据，而个别基层政府也默许这种行为，从而埋下"邻避"隐患祸根。三是多渠道信息公开制造矛盾。一些基层部门发声不注重信息内容的统一，不同部门公开的环境信息互相冲突，容易加剧矛盾冲突，"口径"不一造成信息"乌龙"。四是信息公开内容存在缺陷触发法律风险。部分政府公开的环境信息本身存在问题，准确性不高。一方面内容模糊，关键信息不准确，另一方面前后公开的内容不一致，这导致公众无法获取准确信息，不仅容易引发行政诉讼的法律风险，更容易让公众质疑政府的公信力，造成不良后果。五是信息公开内容缺乏解读易滋生负面谣言。部分政府主动公开环境信息时没有制定合理、配套的宣传引导措施，导致公开的内容被曲解、误读，甚至被个别别有用心的人利用，借机散布谣言，影响政府的公信力。六是信息公开的承诺不兑现降低政府公信力。一些基层政府为推进项目顺利建设，公开承诺解决历史环境问题或给予其他优惠政策。而项目建成后，当地政府没有兑现此前诺言，居民当然会群情激愤，认为被地方政府欺骗，这是出现群体性事件的重要原因。

实际上，很多环境"邻避"项目都折射出当地政府在信息公开时或多或少存在问题，囿于人力、精力等因素，基层政府无法完善末端信息公开制度和执行落实，这是导致"邻避"问题频发的现实原因。要消减"邻避"项目所遇到的社会风险，应该充分利用好环境信息公开制度这一破解"邻避"问题的工具，在制度执行和工作落实上加以研究，提高制度执行的合理性、时效性、严谨性，保障工作落实的权威性、科学性、准确性。

9.3 基层政府更好发挥环境信息公开作用的建议

实践证明，环境信息公开制度是项目、公众之间沟通环境信息的重要桥梁，做好环境信息公开有助于项目平稳有序建设，有利于公众全面、清晰知晓项目相关环境情况打消疑虑。通过积极主动、坦率真实的信息公开，能让环境信息公开这一政府和公众之间信息交流的纽带更为牢固，有效减少环境"邻避"问题，这也是提升政府公信力的"关键之匙"。发挥环境信息公开制度作用，基层政府更应不断完善制度执行的约束，严格工作的落实。

第一，强化技术指导，完善制度设计。一是强化技术指导。在常规环境信息公开培训班的基础上，加强对政策条例的解读，开展多层级、针对性现场案例教学，切实提高基层政府环境信息公开意识和能力不足的问题。利用新媒体影响力，通过部官方微博、微信公布典型环境信息公开案例并进行解析，对实际工作中遇到的重难点问题解疑释惑，降低成本的同时可以提高学习工作效率。特别是强化典型负面案例的剖析，发挥负面案例的警示作用。二是完善环境信息公开机制。按照《政府信息公开条例》精神，完善环境信息公开办法相关机制设计。建立跨部门环境信息公开协作制度，使环境信息公开从各部门的单打独斗向多部门的协同推进转变，减少多头公开所带来的信息混乱。对一些依申请公开数量集中、问题突出并交叉重复的项目信息，将依申请公开和主动公开有机结合，形成环境信息公开闭合链条，避免环境信息的重复公开，保证公开的政府信息前后统一、步调一致。

第二，做好政策解读，层层传导压力。一是做好政策解读，科学有效引导。《环境信息公开办法（试行）》正在修订，修订后的有关内容和要求，部委层面可以及时开展政策解读，引导各级地方政府和有关部门做好环境信息公开工作。鼓励基层政府和有关部门通过新闻吹风、政策宣传、专家宣讲等方式对重大项目环境信息有关情况进行主动公开和解读，有效引导社会舆论，释放正确信号。针对一些专业性较强的环境问题，在数字说明的基础上利用生动有趣的宣传片加以说明，结合邀请正面公众人物做好配套公益宣传，有效提高信息的公众接受度。二是强化压力传导，用制度约束行为。从本文所述专栏案例来看，基层地方政府和有关部门在推进环境"邻避"项目时如果重视并采取有效措施，政府环境信息公开就能够有效解决很多当地居民关心问题，澄清一些网络负面信息，不至于把问题扩大从而影响项目推进。在《环境信息公开办法（试行）》中增加随机抽检内容，对地方政府环境信息公开内容不实、走形式等问题，及时督促整改，倒逼基层地方政府责任落实。

专栏6　政府主导下的多部门联动推进信息公开
——广州某大桥拓宽工程

广州某大桥拓宽工程在环评文件编制过程中，周边住宅小区部分居民因担心拓宽后产生交通噪声、机动车尾气等环境影响表示反对该项目。通过政府主导下的多部门联动推进信息公开，2014年大桥拓宽工程正式开始施工。

在处置过程中，市环保部门一方面提前介入，主动服务，在环评编制过程中加强指导，做好沟通协调工作；另一方面坚持公开透明，严格审批，在受理该项目环评文件后，按照最新要求率先开展环评全本公开，并做好受理公示、审批前公示和审批结果公示等信息公开工作，主动与媒体互动，切实做到"阳光审批"，保障了公众知情权、参与权、表达权和监督权。

（一）信息公开及合法审批

2012年8月，环评单位接受委托，采取网上、现场公示等方式进行了环评信息第一次公示。2013年1月，建设单位和环评单位通过采取项目沿线张贴公告及在环评单位网上公示的方式，进行了环评信息第二次公示。

2013年9月，根据市政府工作部署，市建委将该项目提交广州市重大城建项目公众咨询监督委员会进行论证、咨询，最终以12票赞成，8票反对的结果通过该项目东扩建设方案。2014年1月，该项目环评文件通过市环境技术中心技术评审。2014年3月，市环保局正式受理该项目环评文件，同步进行了环评全本公开，并于4月召开局重大建设项目审批委员会审议会议，同时邀请广州6大主流媒体列席会议；5月，市环保局正式批复该项目环评文件。

（二）公众参与

在环评审批过程中，建设单位和环评机构现场走访沿线各环境敏感点，与直接受影响的群众进行面对面沟通，共发放调查问卷1 090份，组织召开3次群众座谈会，同时积极配合广州市重大城建项目公众咨询监督委员会进行信息收集和反馈，以及向社会媒体提供客观公正的新闻信息，以便做好跟踪报道。

10 "邻避"项目公众参与特点及制度优化建议

"邻避"项目可能带来的环境影响或者负外部效应,利益相关群体众多,公众参与积极性高,且具有事前预防属性。项目前期阶段,特别是项目规划选址阶段,公众如果能较早参与行政决策,在充分了解项目建设信息的基础上及时、准确沟通反馈利益诉求,拉长公众参与链条,强化公众参与对"邻避"项目事前预防的作用,不仅能减少项目建设的矛盾纠纷,也能推动形成政府与公众相互信任、上下联动、协同配合的模式。通过分析涉环保"邻避"项目公众参与特点,对比现状,找出制约公众参与有效性的因素,能够帮助政府相关部门了解公众参与的薄弱环节,为公众参与政策的制定和执行提供重要的实践基础。

10.1 "邻避"项目公众参与的特点

利益诉求强烈,参与积极性高,态度趋于不理性。"邻避"项目多为对当地社会经济产生正效应的公共服务类项目,如垃圾处理厂、污水处理中心、变电站、无线电基站等,可能存在对周边居民产生环境污染、形象毁损、资产贬值等潜在危害,具有明显的负外部性,这些负外部性的成本须由设施周边地区的居民承担,导致居民心理上的落差和失衡,公众参与的积极性较高。相较于一般建设项目,"邻避"项目常常具有明显的利益分配冲突,当公众对于"邻避"项目环境风险缺乏清醒认识、相关信息与知识欠缺、政府决策缺乏透明度等情况出现时,在主观上容易淡化"邻避"设施的正面效应,放大负面影响,出现非理性参与行为,这对"邻避"项目公众参与的有效性提出了更高要求。

具有更为突出的事前预防属性。公众参与是环境管理从末端治理走向事前控制的重要方式。从近年来涉环保项目引发的"邻避"问题来看,公众参与阶段呈现提前的趋势,即项目选址、规划论证和环评、稳评等前期阶段公众参与意愿强烈。公众在知晓项目建设相关信息时希望第一时间发声反馈利益诉求。如果忽视公众参与,对公众疑虑不能及时回应、有效宣传,则容易引发"邻避"冲突。

10.2 制约"邻避"项目环境保护公众参与有效性原因分析

10.2.1 制度设计层面

由于"邻避"项目与公众关联度更高，利益相关群体更复杂，按一般建设项目环境影响评价公众参与要求推进工作，无论在力度上，还是在手段上都存在不足，主要体现在以下几方面：一是信息公开不足，公众参与的根基不牢。信息公开是公众参与的前提，引发民众抗议的主要原因是项目决策过程中信息不够透明公开，政府信息公开内容和居民对环境信息需求不对等。二是决策不民主，公众未有效参与到决策阶段。公众意愿在环评阶段能否得到了解和尊重，很大程度上取决于企业对公众参与对象和公众参与方式的选择上，现有的制度对公众参与对象和公众参与方式的表述相对原则化，企业自主选择的空间很大，为"象征主义"的参与创造了条件，极大地制约了公众参与的有效性。三是环境监督的公众参与不足。对于涉环保"邻避"项目，企业依法合规和全过程规范管理是破除"邻避"困境的根本要求。现阶段"邻避"项目环境保护公众参与在环境影响评价阶段具有强制性，在项目建设运营阶段仅赋予了公众监督的权利，但相应的对保证公众环境监督权、表达权的全过程参与机制较少。四是沟通渠道不畅通。沟通渠道的不畅通导致各方缺少坐下来协商谈判的机会，以冲突形式进行非理性对话，既不利于社会环境公共利益的保护，也不利于垃圾处理等民生项目的落地。五是在法律救济制度未能有效发挥作用。目前，我国并没有针对"邻避"问题专门的法律解决机制，弥补"邻避"居民损失的主要途径是环境侵权损害赔偿，当前关于在"邻避"事件中进行环境权益救济机制仍然存在缺陷。

10.2.2 能力保障层面

环保"邻避"项目涉及社会各方利益，公众参与能力不足直接导致冲突激化。能力不足主要体现在以下几方面：一是公众自身的环境参与意识不足，参与能力欠缺。当前我国公民的公众参与意识有所提升，但能力仍然不足。由于缺乏专业的指导，普通民众的反馈很难得到政府的认可和实施。二是政府对利益相关者冲突的协调意识和沟通能力不足。一方面，政府在项目前期对利益相关者的利益诉求预判不足，缺乏主动协调利益冲突的意识。另一方面，针对各个利益相关主体所表现出不同的利益诉求，政府往往需要很长时间的实地调查或者舆论"发酵"到一定热度之后才被动回应。三是环保社会组织参与"邻避"项目环境保护能力有待提高。由于缺乏对"邻避"项目具体工艺、技术、装备缺乏系统、科学的认识，或对国家政策不了解或者理解不深入，自身定位不明确，容易误读和夸大环境问题，引导公众盲目参与。

10.3 "邻避"项目环境保护公众参与制度优化完善建议

10.3.1 加强"邻避"项目环境保护公众参与制度优化

第一，加强信息公开与公众参与的衔接。一方面在选址阶段的信息公开和公众参与要有程序性的要求和规定。明确建设上的需求以及备选方案，通过听证座谈、调查研究、咨询协商、媒体沟通等方式广泛听取公众意见，以适当方式公布意见收集和采纳情况。探索利益相关方、公众、专家、媒体等列席政府有关会议制度，增强决策透明度。另一方面项目运行期间保障公众能有效了解项目情况。如垃圾焚烧发电项目在现有"装树联"的要求外，持续推进环保设施向公众开放，引导涉环保"邻避"项目普遍设立公众开放日，接受群众监督。

第二，构建多渠道的公众参与方式。涉环保"邻避"项目从规划筹建开始就要主动释放相关信息，构建公众参与渠道，积极与公众真诚沟通。建议对垃圾焚烧发电等公众关注度高、"邻避"效应明显的项目，通过制度手段强制要求召开论证会和听证会。积极鼓励企业、社区、环保组织通过组织参观考察、环保论坛、公益活动等方式引导公众积极参与，提升环保素质。避免"形式化""走过场"而引起公众的强烈反感，避免故意设置参与门槛，把真正的利益相关者拒之门外，努力使利益相关者积极参与政府决策，并将其反映的利益诉求作为决策的依据。

第三，建立公众参与信息反馈机制。公众参与强调的是决策者与受决策影响的利益相关者双向沟通和协商对话。建立健全行政决策中公众参与意见反馈机制，对公众的需求应密切关注，对公众的呼声积极回应，加强与群众沟通协商，充分尊重群众诉求、关照群众利益，求得群众信任的"最大公约数"。

第四，完善公众参与代表选拔机制，发挥环保社会组织的力量。首先，建议完善公众参与代表选拔机制，优化公众参与主体结构。通过拟建项目附近的社区（或者村委会）组织居民采取自下而上的选举方式选择公众代表，形成"以社区组织为公众代表"层次的参与，代替"个人"层次的参与，有效规避选择性参与。其次，在公众参与过程中引入行业专家，通过专家与公众之间的平衡互动，帮助公众更科学地了解项目，提高公众参与决策的能力。最后，在公众参与中引入环保社会组织帮助收集、整合公众诉求和意见，并可以代表公众利益和政府进行沟通协商，搭建沟通桥梁，传达社情民意，缓和项目附近居民与政府之间的矛盾，并通过其丰富的环保知识、组织经验以及对本地情况的了解，有针对性地弥补目前公众参与的不足。

第五，建立群众监督机制。大力推进环境监督公众参与，建立环境保护特约检查员制度和环境保护监督员制度，诚邀部分居民代表作为该项目的监督员，让群众尽可能了解项目建设运行情况，公平审视项目，并以此建立与政府沟通的渠道，保障社情民意能及时通过正常渠道向政府反映，有利于发挥群众监督力量，成为环境执法队伍的后备力量。

第六，发挥人大代表和政协委员的作用。拓展人大代表、政协委员的参与渠道，发挥体制内权力机关、咨询机关的功能，发挥人大、政协与民众之间桥梁纽带作用。一方面，人大代表、政协委员等不定期进社区，帮助公众理解公共政策制定过程中的程序、压力和协商，鼓励公众参与。另一方面，以人大为主导开展地方立法工作，引导"邻避"问题通过法治思维来化解，同时在立法过程中保障公众的广泛参与。此外，在积极推动地方人大主导立法的同时，应充分发挥地方各级人大作为权力机关的作用，把"邻避"项目决策纳入人大依法审查的重点。

10.3.2 促进多方参与主体的能力提升

第一，提升政府与公众沟通的能力。充分利用政务网站、官方微博、微信、政务 APP、地方论坛等多种渠道及时多样化的发布政务信息和积极回应公众诉求，增加公众对政府治理政策和立场的了解，让公众参与到政策的制定和执行过程中，变成公共政策的利益相关者，利于政府在作出决策时提高决策的民主化和科学化。

第二，推动公众参与意识和能力的提高。一方面，需要加强媒体宣传和信息沟通，为公众提供真实有效的信息，充分解释项目实施的意图，协调各种社会诉求，合理引导和鼓励公众参与涉环保"邻避"项目的治理。另一方面，多渠道多层次开展环保宣传教育。立足学校，将环境教育纳入学校整体发展规划，融入渗透到学校管理及教学的各个环节。立足社区，组织环保志愿者、基层环保干部进社区，摸清群众身边的环保诉求，发放环保宣传资料，组织环保活动等。此外，通过多种渠道对公民普及环保法律知识，引导公众通过合理有序的方式参与"邻避"项目，打消"法不责众"的搭便车心理，合法维护自身权益。

第三，提升政府和环保社会组织的互动能力。一方面，加大对环保社会组织的扶持。可在环境教育、社区垃圾分类、企业污染第三方评估监督等领域适当实施政府购买社会组织服务，给予环保社会组织资金上的支持，并以此设置环保社会组织引导公众参与的议题，规范环保社会组织公众参与活动。另一方面，建立政府与环保社会组织常态化沟通机制。如建立沟通日，政府定期和环保社会组织面对面的交流，以此调整、改善、落实政策；在政府网站开通环保社会组织政策建议信箱，并对重要意见和建议及时反馈和处理。另外，搭建强化能力建设的平台，政府通过培训、座谈、对话等形式为环保社会组织提供专业性的指导，提升环保业务水平和专业能力。

10.3.3　以严厉的惩戒措施倒逼各方公众参与责任的落实

第一，完善责任倒查机制，增强政府决策的责任性。明确政府公众参与意见反馈义务，建立配套的责任追究机制。把公众参与作为重大行政决策的必经程序，确保决策制度科学、程序正当、过程公开、责任明确。运用法治思维和法治方式建立重大决策终身责任追究制度及责任倒查机制。

第二，严厉惩罚环境影响评价公众参与弄虚作假行为。生态环境主管部门要加大对环境影响评价公众参与真实性、有效性的审查力度，严防企业环境影响评价公众参与弄虚作假行为。重大弄虚作假情形一经核实，生态环境行政主管部门可以采取中止审查程序、责令建设单位限期改正、罚款、纳入企业社会信用系统等形式，对建设单位实施惩罚，遏制环评公众参与弄虚作假行为。

第三，对不合法的公众参与方式依法合规处置。引导和支持公众在现有法制框架内依法合规开展公众参与活动，理性表达诉求，依法维护权益。对在网络、媒体上肆意编造虚假信息，攻击党和政府以及国家政策，并造成严重后果的，依法给予处罚并责令消除影响。对借机恶意炒作、煽动组织规模性非法维权者要依法及时果断查处，严惩相关人员。对非理性维权过程中扰乱社会秩序、妨害公共安全的行为，要依法作出处理。

专栏 7　以公众沟通赢得项目支持
——广东某核电站项目

广东某核电站规划容量为 6 台百万千瓦级核电机组，承担了环境保护部确定的国内首批核电项目公众沟通工作试点任务，相关探索与实践具有一定代表性和借鉴价值。

（一）主动公开项目建设信息，充分保障公众知情权

2014 年 5 月，项目所在地市党政信息网发布项目信息公告，公司门户网站发布项目建设信息公开。项目建设信息公开期间，为及时有效答复公众通过对外开放的公告联系电话、科普电话及电子邮箱提出的有关技术问题，项目公司采取多项措施保障信息公开工作的开展。制定《公众咨询工作流程》；不断整理和完善应答口径材料，形成《公众沟通热点问题及其答案》；组建 14 人技术支持团队，准备了 119 个包含核电安全、环境影响以及征地等方面的统一口径材料；充分考虑当地公众普遍使用方言的特点，特别安排掌握当地方言的技术专家答疑解惑。此外，随着公众沟通的深入开展，还邀请了具有权威性的 4 位 AP1000 技术专家组成后台专家团队，随时准备应对港澳媒体关注的技术问题。

（二）组织公众参与系列活动，深化公众参与程度

开展公众问卷调查。项目所在地市政府早在 2014 年 2 月就开始组织项目相关问卷调查。综合考虑项目工程建设特点及受影响范围，问卷调查范围为可能受项目建设直接影响或间接影响的公众，以厂址半径 30 千米范围内公众为主，重点关注厂址半径 15 千米以内及厂址半径 5 千米规划限制区范围内的公众，涵盖工人、教师、学生、商人以及公务员等被调查公众。

召开公众座谈会。2013 年 3 月，项目所在地市政府组织召开项目公众参与座谈会，工人、农民、商人、学生、干部、待业人员和社会各界 42 名公众代表参加。会上先后有 12 人次代表发言和提问，针对不同类型问题采取不同应对措施：关于核电安全、环境影响、招工就业等的问题，有关专家及领导当场给予解答；对于征地移民社区建设和移民户口归属问题，政府承诺成立移民社区，妥善解决户口等问题；对于移民要求按照城镇居民缴纳社保问题（原按农村户口缴纳），市政府表态列入后续工作计划，研究后答复。

（三）推进核电科普宣传，引导公众理性认识

全方位、立体式开展科普宣传活动。围绕"十条主线"（场址半径 5 千米范围内的村干部、村民代表，离退休老干部，重要利益团体，媒体意见领袖、版主、"大 V"用户等，传统媒体采编人员，公务员，行业部门，协会团体，中联办、港澳办，公益活动）和"五进"（进社区、进乡镇、进机关、进校园、进企业），全方位、立体式开展科普宣传活动。

常态化持续开展多项科普宣传活动。邀请社会各界代表及利益相关方等 700 余人参观大亚湾核电站及其所在地大鹏镇，亲身体验核电的环境效益和社会效益。举办核电知识专家讲座，围绕核电安全、核电技术、核电发展等问题全方面普及核电知识。在项目周边村、学校设立宣传橱窗，制作发放科普资料、科普文化用品、核电相关报纸。在市科技馆开设核电科普展厅，免费向公众开放。聘请老干部担任义务科普宣传员，在镇老干部活动中心开展核安全讲座。注重加强与社会公众的沟通，开展捐款捐物、设立核电教育基金等多种爱心公益活动，践行企业社会责任。

创新开展特色科普宣传活动。开展奖学奖教、核电科普知识进校园活动、核电科普之旅、征文活动、核电杯书画作品、摄影作品展、核电科普知识竞赛、核电公众开放日、公众科普传播大征集等形式多样、内容丰富的特色活动。

11　环境"邻避"问题网络舆情的引导与应对

便捷的网络传播是"邻避"事件发生发展的"助推剂"。与报纸、杂志、图书等传统媒体传播的局限性和滞后性相比,网络情境下网民更容易实时分享和传播自己的观点与情绪,发挥"麦克风"作用,充当舆情的"放大器""传播器",一旦发生"邻避"苗头,可以短时间内在网络形成不利的舆情倾向,进而引发更严重的社会危机。网络不实舆情(指在各类网络媒体上广泛传播的不真实或未经证实的舆情信息),尤其是负面消极信息的广泛传播,往往会对公众的正常工作与生活,甚至是社会运行秩序造成不良影响。加强环境"邻避"问题网络舆情引导与应对,不仅关乎地方政府治理体系和治理能力现代化建设,更是防范与化解"邻避"问题的关键。

11.1　政府信息发布对"邻避"事件网络舆情传播的作用

为解决"垃圾围城"困局,国内某地拟规划建设一座再生资源处理中心,2017 年 4 月,政府部门进行了征地意愿摸底调查,项目落地消息开始在当地传播,5 月 7 日,约 400 名群众因项目选址问题,陆续在市政府广场聚集,5 月 8 日下午和 5 月 9 日晚,部分群众再次聚集,引发群体性事件。在此期间,政府共发布了"项目情况通报""群体性事件概况""辟谣""项目停止建设"等多份说明和公告,直至 5 月 10 日,市政府发布公告不在原规划地址建设再生资源处理中心项目后,事件才得到平息。本节内容主要通过网络舆情监测系统,以"邻避"事件发生前后 15 天(根据监测显示其他时段舆情数量很少且无明显波动)网络舆情监测结果,全面分析了政府信息发布对"邻避"事件网络舆情传播的作用。

11.1.1　网络舆情传播特点

网络舆情爆发迅速且震荡期短,在事发之后激增并达到高峰。"邻避"项目网络舆情走势总体呈"单峰抛物线"形,与其他"邻避"事件网络舆情相似,大体分为四个阶段:潜伏期、酝酿期、爆发期、消退期。从发生的"邻避"事件网络舆情来看,其中,1—3 日为潜伏期,网络舆情处于萌发状态,信息数量少、分散且较为孤立;4—6 日为酝酿期,网络舆情开始不断涌现并有序集中；7—10 日为爆发期，随着 7 日晚"邻避"事件发生，舆情大量爆发，急剧增长并达到高峰；11—15 日为消退期，网络舆情逐步回归理性，舆情信息大为减少。

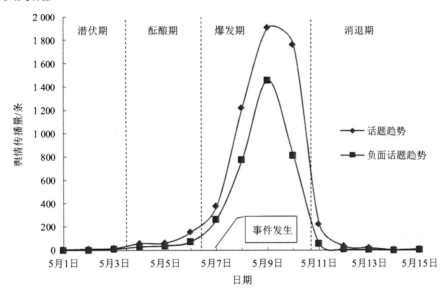

图 11-1　某垃圾处置群体性事件"邻避"网络舆情传播趋势

我国多数"邻避"网络舆情与之类似，从舆情数量开始明显增长到"邻避"事件爆发，再到网络舆情快速消退，总体震荡期较短；各阶段时间间隔也不长，显示出"邻避"事件网络舆情的突发性。与其他社会公共事件引发的网络舆情不同，网民对"邻避"冲突的诉求相对单一，通常表现为通过组织煽动重大网络舆情达到"项目停止建设"的目的后即收场，因此网络舆情一般表现为"单峰"形。

网络舆情中负面舆情占比较高。统计 5 月 1—15 日某地涉及"垃圾焚烧"的 5 762 条舆情信息，其中"反对、抵制、抗议"等具有明显负面倾向的舆情共 3 525 条，占该时间段舆情总量的 61.2%。负面舆情主要包括对垃圾焚烧发电厂选址的抗议、对政府的不信任、对媒体报道的不认可等方面。可以看出，在舆情的传播过程中，负面舆情更容易引起关注和传播，进一步催化群体事件的发生。有效控制负面舆情的传播，加大正面引导和宣传是解决群体性事件发生的重要条件。

11.1.2　政府信息发布传播特点及存在的问题

在舆情监测期间，政府连续发布了"项目情况通报""群体性事件概况"等多份说明和公告，综合政府信息发布与舆情传播特点，发现存在以下问题。

一是事前网络舆情出现波动时政府应对的及时性欠缺，事后政府信息发布并未明显扭转总体舆情走势。从"邻避"事件网络舆情趋势来看，从 5 月 4 日开始，网络舆情出现波动，至 6 日舆情数量成倍增长，相对于 5 日增长 153%，而在此期间政府未及时发布信息。到 5 月 7 日早 9 点 15 分左右，当地政府才在微信公众号发布关于项目的情况通报，19 点 40 分左右，群众已开始聚集，5 月 8 日发布群体性事件概况后，总体网络舆情发展趋势仍然持续升高，短期内未明显遏制舆情爆发的趋势；网民对政府发布信息的传播在 9—10 日达到高峰。

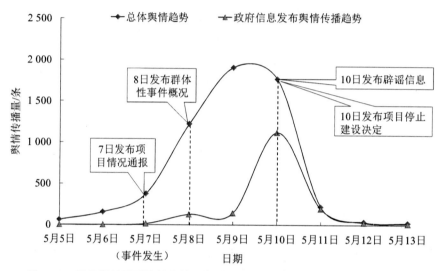

图 11-2　某垃圾处置群体性事件"邻避"网络舆情传播趋势与信息发布关系

二是政府发布信息的网络传播度总体不高，传播渠道以微博为主。舆情监测结果表明，截至 5 月 15 日，"邻避"事件中政府发布信息传播数量为 1 639 条，其中经微博传播舆情为 1351 条，占比 82.4%，说明微博仍是网民对政府信息表达情绪和传播的主要渠道。政府发布信息通过网民转发、评论等方式的传播数量仅占舆情传播总数的 28.5%，表明政府发布信息的网络传播度比较低，仍有超过三分之二的网民未予以关注，对政府信息的回应不足。网民平时对政府信息发布的关注度不高，或者对政府信息发布的渠道并不清楚。

三是政府信息发布以被动应对式为主，针对政府发布信息的负面舆情传播比例较低。在事件发生前后，政府共发布四类信息，只有针对项目情况的通报在事发前（事发当日）发布，其余信息均是属于事后应急式发布，体现了政府信息发布的被动性。在事前舆情萌生和波动阶段缺少主动发声，事件爆发后发声对舆情动态趋势的短期缓解效果不显著。但是，针对政府发布的信息，负面舆情传播数量共为 423 条，占政府信息舆情传播总数的 25.8%，远低于网络平台总体负面舆情的比例（61.2%），表明多数关注政府信息发布的网民，对政府发布的信息负面评论和转载较少，仍保留客观的态度，这对于政府信息发布的正面引导作用具有积极的意义。

　　四是政府发布信息的内容对网民态度及网络舆情走势的影响效果不同。在政府发布的四类信息中，从舆情传播结果来看，公众对"群体性事件情况说明"的参与度最高，占整个政府信息传播量的66.2%；其中负面舆情占比也最高，占"群体性事件情况说明"舆情传播总量的35%。说明网民更乐于参与对某些具体事件的报道，而对政府通告、辟谣等一些客观通报等信息传播并不感兴趣。在四类政府信息传播中，网民支持度最高的是有关"项目停止建设"的政府决定，除个别网民对政府决定不信任之外，98%的舆情传播信息都表示支持或持中立态度，当公众诉求得到满足时，政府信息会得到公众支持，更容易引导舆情发展。

11.1.3　做好政府信息发布的有关建议

　　第一，加强网络舆情常态化引导和舆情波动节点的及时应对。从"邻避"事件网络舆情发展趋势来看，舆情震荡期较短，有一定突发性，留给政府应对的时间有限；而且一旦事件爆发，即使政府采取了多次发布信息等应对手段，对舆情增长趋势的扭转效果并不显著，因此，面对复杂多变的网络舆情，首先，政府需要对拟建的"邻避"项目加强常态化网络舆情引导，将正面引导工作做在前、做在平时。建立常态化的网络问政制度，扩大网民参政议政、建言献策渠道，强化信息披露和必要的科普宣传，并以平等的姿态和生动的形式与网民适度互动，破除因信息沟通不畅带来的舆情危机。其次，政府要建立网络舆情监测、预警机制，提高新形势下网络舆情的分析研判能力，及时准确掌握网络舆情动态，密切关注动态拐点，在第一时间发布权威信息，回应社会关切，充分掌握话语主动权，减少负面舆情传播和扩散途径。

　　第二，政府充分利用好微博等网络平台，采取丰富多样的发布形式，积极主动做好舆情应对。首先，微博是网民舆情传播的重要平台和推手，政府应通过积极宣传等方式进一步提高政务微博的影响力和扩散度，在政务微博日常运营中增加原创内容与互动解释性讯息的比例，除了采用纯文字进行信息发布之外，尝试使用"文字+图片""文字+动画""文字+视频"等多样化、亲民的、立体信息发布形式，将政务微博打造成民意汇集的平台，营造群众愿意在政务微博中发声的氛围，使政务微博在"邻避"事件中能发挥参与、解释和引导的作用。提高政务微博维护人员的媒介素养与专业水平，使政务微博成为官民沟通的平台。其次，受到"塔西佗陷阱"影响，政府单方面发声对舆情的应对效果会大打折扣，应借助传统媒体、权威机构、专业人士等多方力量，丰富传播形式，设置话题来引导舆情、披露真相和澄清谣言，以协调配合政府应对网络舆情，使舆情朝着有利于"邻避"项目落地的方向发展。

　　第三，密切关注网民舆论焦点和议题变化，提高内容设置能力，重视公众参与。首先，政府要密切监视网络舆情的波动和网民关注的议题变化，并针对网民关注点及时对相关疑问进行针对性的解答和信息公开。其次，从政府发布信息内容来看，政府信息发布具有 "单向告知" 的特点，且发布内容以对项目选址必要性和客观描述为主，对公众担忧和质疑正面回应不足。破解 "邻避" 困境的关键在于提高公众的认可度，政府应以信息发布为 "方向标"，通过政府的信息发布回应社会关切，进行内容议题设置，引导公众参与政府发布内容讨论，在双向的交流互动中寻求利益平衡点。

11.2　网络不实舆情的特点及应对

在 "邻避" 项目的规划建设过程中，常常充斥着网络不实舆情，一些个人或组织通过夸大其词的方式吸引公众参与和传播这些不实舆情，甚至掀起一个又一个舆论高潮，最终诱发群体性事件的发生。突如其来的网络不实舆情，给政府管理和应对带来了全新挑战，反应滞后、辟谣速度慢、应对能力弱、公信力低，是不少地方政府部门普遍存在的问题。

11.2.1　"邻避" 项目网络不实舆情的特点

网络不实舆情包含内容广泛，且一般具有明确的主题特征。针对 "邻避" 项目，网络不实舆情常见以下几类。

一是危害身体健康类。这类不实舆情往往在项目建设初期会大肆传播，"二噁英致癌" "核废料辐射变异" 在别有用心的人员传播下，不明真相的群众会信以为真，担心身体健康受损，进行二次传播，造成巨大影响。如辽宁某地发生的氧化铝 "邻避" 事件中，"氧化铝致癌" 的说法反复出现，造成公众对氧化铝的强烈抵制。

二是传播暴力执法类。这类不实舆情往往是在发生群体性事件执法过程中，"你们警察就是这样执法的？" "这是发生在中国的吗？" 等一类 "标题党" 文章或者视频通过网络传播，有的通过搭配其他事件的照片，有的通过夸大事实挑起民怨。在浙江某地爆发的群体性事件处理过程中，网络充斥着特警打人、暴力执法等不实舆情，给当地政府带来了严重的负面影响。

三是误导项目选址类。这类不实舆情一般出现在项目规划过程中，通过传播项目选址位于某地的不实舆情来引起群众担忧、恐慌和抵制。例如，在广东某地垃圾焚烧厂选址尚处于征求公众意见的论证阶段时，网络已出现 "选址已定" 和 "拟开工建设" 的不实舆情，造成了不明真相的群众上街非法集会游行，严重影响社会秩序和交通秩序。

四是宣扬利益受损类。这类不实舆情一般通过夸大环境污染问题，如造成当地经济作物受损、补偿标准不统一等为主要传播内容。例如，广东某地垃圾焚烧厂推进过程中，在当地流传着垃圾焚烧产生的污染会对水果价格产生影响，给经济带来灭顶之灾的不实舆情，引发了群众坚决抵制项目建设。

"邻避"项目网络不实舆情传播除了具有网络舆情固有的传播速度快、波及广、影响大等特征之外,还有以下几方面独特特征。

一是传播隐蔽性强。网络的高度开放性及自媒体的快速发展,使得一些别有用心的环保 NGO 组织、网络"大 V"、反华势力、境外媒体从业人员等能够在网上不加约束的发表言论,或有意散布不实信息,制造混乱,网上传播者身份隐蔽,不受控制。

二是受众较为明确。"邻避"项目网络舆情的受众较为单一,主要包含与项目利益相关的群体,受众对相关舆情关注度高、反应敏感,但没有社会热点、生活、娱乐等类型网络舆情广。同时,不实舆情的制造者针对特定受众量身打造适合他们需求的内容,抓住核心受众心理,从而在目标人群中得到快速传播。

三是容易发生畸变。信息受众通常会按照自己对项目事件的猜测及态度进行加工,在传播过程中形成不同版本,甚至截然相反。浙江某垃圾焚烧厂"邻避"事件处理过程中,在现场工作人员反复劝导无效的情况下,公安部门将个别不服规劝的人员带离现场,但在网络上,逐渐出现了警察打人的舆情,甚至出现挪用其他不相关事件的照片传播的情况,最终矛头指向政府及其相关部门。

四是重复性强。网络舆情往往伴随着"邻避"项目发生发展,并且常常重复出现,一个地方出现过的舆情在下一个地方仍然出现,而网民对信息的真实性并不关心,其所表达的对于环境问题的担忧、对专家的不信任、对政府监管的不满意,使得网民对相关消息的任何风吹草动,都进入集体恐慌状态。

11.2.2　政府应对网络不实舆情存在的问题

一是对网络不实舆情不重视。不少地方政府缺乏对网络不实舆情危机的认识,忽视互联网已成为网民表达环境利益、宣泄情感、动员抗争的重要渠道。从"邻避"网络舆情出现到爆发,往往都没有作出及时应对,待了解到网络舆情时,外部势力已介入甚至主导事件进程,舆情传播已难以控制。

二是不实舆情应对机制不健全。地方政府的声音往往缺失或滞后,一些主流媒体常采取回避的态度,较少组织专家学者或以新闻发布会形式来解释。一旦不实舆情回应滞后或者失当,往往会形成高度共振。

三是法律法规与管理不完善。我国互联网的发展速度飞快,但互联网整体发展时间短,缺少专门针对网络不实舆情的处理处罚依据。对网络不实舆情的处罚往往是进行训诫,相比造成的巨大社会后果,极轻的处罚难以形成对网络造谣者的惩戒效果。

四是对网络不实舆情处置方式单一。地方政府尚缺乏有效管理手段和经验,对网络不实舆情发帖、跟帖更多的是采取"堵、封、删",单一的治理手段让地方政府经常被网络不实舆情的发展态势牵着走,无法真正控制网络不实舆情的蔓延。

11.2.3 多元化网络不实舆情处理模式

政府管控模式：主要是指政府通过采取必要的措施和手段来治理网络不实舆情。当出现有损国家和政府形象相关的不实舆情时，一旦受众听信并且传播，会极大地引发社会问题和影响政府公信力，在遇到此类不实舆情时，政府部门应采取主动回应、针对性宣传、有效管控和依法处置等措施及时果断治理。以浙江海盐政府在处理网络上"暴力执法"的不实舆情为例，主要措施包括一是通过政务新媒体发布辟谣信息，对不实舆情进行回应；二是公安机关依法查处，对不实舆情制造传播者以涉嫌传播网络谣言、扰乱公共秩序予以刑事拘留；三是海盐政府新闻办就垃圾焚烧发电厂项目发出通告，明确项目进展，通过政府管控有效化解了后续可能造成的影响。此外，在网络不实舆情治理中，政府部门要注重统筹谋划、长期施策，切忌开展轰轰烈烈的运动式治理，要做到互联网发展与管理并重，管用并举、以用促管。

政府与网络社团合作模式：是指政府借助社会团体或网络社团的优势，形成工作合力。网络社团是虚拟空间的新事物，在网络辟谣方面具有速度快、专业性强、更为全面、科学理性和持久有效等优势，使得网络社团在当下能够成为社会治理的新生力量。政府和网络社团可根据重要性与紧急程度，探索建立多种合作模式，例如，政府统筹安排，以"邀请制"与网络社团合作；或政府监管协调，以"项目制"与网络社团合作；或政府支持协助，以"委托制"与网络社团合作等。

公众群体智慧处理模式：是指具有多样化、独立性、分散化特性的群体，在个体认知和经验的基础上，通过相互协作或竞争，最终产生优于任何个体的智慧。群体智慧处理模式即是利用群体智慧的碰撞，不借助政府部门的管控，最终使得网络不实舆情不攻自破，自然消亡。在"邻避"项目不实舆情治理中，把一些"不重要"也"不紧急"的不实舆情交由社会群体，经过一段时间的网络探讨，不实舆情往往会"止于智者"。这类网络不实舆情的产生与传播，究其原因主要在于小部分公众的无知、反智心理，其治理根本在于提高公众自身科学文化素养、培育客观理性思维、树立实事求是的态度。

法治化管理模式：是指通过加强网络法治建设，形成法律规范、行政监管、行业自律、公众监督、社会教育相结合的互联网管理体系，依法实行管网、办网、上网。法治化在很大程度上是公众对法的信任和信仰，而不是对政府权力的畏惧和膜拜，在"邻避"项目产生的网络不实舆情治理中，运用法治思维、法治方式把网络不实舆情治理难题转化为执法司法问题加以解决，可以更好地让公众和社会满意和信服。加大执法力度，壮大执法队伍，健全执法体系，落实执法责任，真正做到有法必依、执法必严、违法必究，对网络不实舆情形成强有力的震慑。

11.2.4　建立网络不实舆情快速应对机制

第一，建立网络不实舆情监测机制。各级政府部门应组织建立网络舆情监测机构或网络舆情信息监测小组，配备专业的网络舆情监测系统。在"邻避"项目建设过程中，采取人工和技术相结合方式，对线上线下重点领域、人物、事件实时监测，确保在第一时间发现不实舆情，提升捕捉网络不实舆情的敏锐性，有效预防网络不实舆情蔓延。

第二，建立网络不实舆情快速处理机制。充分依托各地现有网络舆情处理机制，坚持网络不实舆情发生后第一时间展开调查处理。对于监测时发现的舆情，采用系统分析、定量与定性结合、内容分析、案例对比等方法对舆情的来源分析、真伪分析、影响分析，准确把握网络不实舆情的现状、特点及发展趋势。通过核实、确认和分析研判，按照一般、较大、重大网络不实舆情级别，提出有针对性的分级响应建议，并及时上报主管部门。

第三，制定网络不实舆情应急预案。科学合理的网络不实舆情应急预案是确保不实舆情及时、稳妥处置的"灵丹妙药"。各地要充分利用"邻避"问题防范与化解联席会议等工作机制，制定网络不实舆情应急预案，建立健全网络不实舆情协同处置机制。由政府主管部门统一协调联动，明确各部门工作职责，确保在网络不实舆情出现时能够快速响应，立即按照既定方案执行，通过不同程度的发布信息和舆情干预，快速妥善解决网络不实舆情。同时，要始终坚持网络舆情无小事的理念，将网络不实舆情处置和事件处置相结合，提高应急处置效能。

专栏8　精准宣传确保群众工作深入到位
——广东某生活垃圾环保处理项目

广东某生活垃圾环保处理项目为广东省生活垃圾无害化处理设施建设规划项目，也是实现资源综合利用和城乡垃圾集中无害化处理的环保工程。该项目按日处理生活垃圾800吨一次性规划，征地一次性完成，垃圾池、上网线路、垃圾处理系统及公用系统等一次性建设的方式进行。项目建成后，预计年处理生活垃圾将达29.2万吨，发电量约9 000万kWh。

项目筹备谋划之初，境内外不法网站持续造谣，在网上不断发布、转发煽动信息，煽动学生罢课和群众聚集上访反对项目建设，项目迟迟不能按时"上马"，且由于"邻避"问题引发群体性事件。事件发生后，市政府组织精干工作队伍，全面细致做好群众思想工作，广泛宣传项目工艺和环保标准，疏导群众恐慌心理，确保项目不停建、不易址，项目最终建成并点火运行。

一是借助全方面的媒介宣传渠道。通过电视、广播、网络等媒介，大力宣传市委、市政府对项目建设"铁"的决心，播放有关垃圾焚烧发电厂相关原理及环保处理工艺等科普节目。市电视台连续 8 天在黄金时间播放相关科普栏目并下发光盘 700 张，在全市 28 个乡镇场街道有线电视站及全市所有学校轮番播放，共放映近 3 000 场次。

二是加强中小学生的宣传教育工作。印制宣传小册子 9 200 份，分发到镇内各中小学校学生，促进公众相信项目安全可靠。

三是密集组织外出考察。组织 15 批 629 人到深圳、汕头等地同类项目实地参观，对现代化、园林式工厂切身感受，市委领导亲自带领环保专家深入到群众中释疑解惑，消除群众心中的疑虑和恐惧。

四是进村入户宣传释疑解惑。事件发生后，市政府加强群众工作组配置，全面调整充实工作队伍，有针对性地抽调 84 名以山区籍干部为主体，熟悉山区情况、懂客家话、善于做群众工作的干部，组成 18 个进村入户工作组，以人大、政协领导为督导员，带着乡音、带着感情耐心细致做好村干部、党员、村民代表、族老、校长老师的思想工作，期间共走访 3 938 人。开展面对面宣讲工作，重点宣传政府投巨资优化工艺、建立"政府监控+第三方监测+村民监督"全方位的公众监管机制等举措，确保项目周边群众的身体健康和生态安全。

通过对项目周边群众的精准科普宣传，该生活垃圾环保处理项目最终取得核准批复并点火运行。该项目在处置过程中，针对不同群体，及时灵活采取不同的群众工作方式。除了加强进村入户、科学宣传、参观学习等宣传工作，还具体针对村干部、党员、村民代表、族老、校长、老师、学生、外出乡亲、宗亲等有影响力的群体，积极主动接触，使群众发生了从反对到疑虑，再到理解支持的思想变化，最大限度地凝聚起群众共识。

11.3 "邻避"问题舆情应对建议

第一，创新政府舆情应对方式。政府是涉环保项目舆情应对的主体，面对复杂多变的舆情信息，政府部门也要创新应对方式。一是建立舆情回应常态化机制，以事实为基础，主动发布权威信息，保证信息公开透明，相关领导干部要敢于直面问题，及时发出权威声音，提升政府公信力。二是创新舆论引导方式，重视情感引导，找到与公众契合的情感连结点，以"讲故事"方式同步做好线上线下舆情宣传，真正发挥政府在舆论引导中的主导性、关键性作用。三是加强中央媒体和地方媒体联动引导，探索政府、基层组织、企业和公民之间的合作，推进社会治理模式创新，充分发挥协同治理作用，完善自下而上的协调和反馈机制，推动突发事件下多方迅速形成合力，及时响应一线的需求。四是充分运用技术手段优化政府管理，加强与互联网行业的深度融合，加快构建"智慧政府"，推进政府管理和社会治理模式创新，实现政府决策科学化、社会治理精准化、公共服务高效化。

第二，加大权威信息供给与深度解读。自媒体时代，舆情的快速迭代更新已成为一种常态，在涉环保项目推进过程中，不可避免地会出现众多声音，网络碎片化信息的高频出现，将成为公众释放情绪的聚集地。面对复杂多变舆情信息，一是要加大权威信息供给，防止公众因无法准确判断舆情信息而被迫选择相信不实舆情，导致误入"歧途"，加大舆情处理难度。二是要加强信息深度解读，当前，公众对舆情信息的需求已不再流于表面，更需要对专业知识等深层次的认知。涉环保项目建设中，"二噁英是否致癌""项目建设对周边环境的影响程度"等一系列公众关心的问题都需要专业解读才会消除公众疑虑。三是要灵活信息供给形式，以贴近实际、贴近生活、贴近群众的方式，增加信息供给的亲和力、吸引力和感染力，有效调节公众的负向情绪，让非理性情绪得到释放。

第三，提升舆情应对大数据思维和应用能力。大数据技术的发展，让网络舆情在传播和内容方面变得更加复杂多样，也进一步加剧了舆情产生速度和数据体量。在涉环保"邻避"项目推进中，要充分运用大数据思维应对舆情，一是利用大数据和人工智能技术最大范围的收集、分析、概括民意。二是通过大数据技术深入挖掘和分析舆情关联数据，构建预测模型，研判网络舆情趋势。三是依托大数据进行舆情数据动态分析，及时、准确把握网络舆情的内在特征及其在演化过程中的潜在规律，对关键人员、重要线索等进行研判，提高应对处置效果。四是培养大数据技术人才，加强技术和舆情管理工作培训相结合，打造大数据时代网络舆情管理后备军。大数据技术的应用，将进一步提高舆情管理的科学性、针对性和有效性，最终为领导决策提供全面的网络舆情信息。

第四，提升舆情监测和回应能力。舆情监测和回应是防范与化解"邻避"风险的基础，建立完善的网络舆情监测系统和回应机制是保障"邻避"项目落地的关键。面对新的网络舆论场，一是要提升舆情监测能力，建立全面的舆情监测系统。随着移动社交的升级，短视频成为继图文、音频之后，又一个社交新浪潮，在传统的"两微一端"舆情监测基础上，要拓宽对短视频、视频博客（Vlog）等适用于当前时代舆情传播渠道的监测，做到全面及时有效。二是要提升热点舆情回应能力。打造可视化舆情回应，"以其道还其身"，以短视频、图表等直观形象的可视化方式回应公众关切，提升舆情引导质效，避免公众对关键信息的忽略和误读而弱化引导效果。

第五，探索公众互动新模式。良性的公众互动与沟通是化解舆情热点的有效手段，在舆情发展新形势下更需探索构建公众互动新模式。涉环保"邻避"项目建设运营中，一是探索"邻避"项目"云监工"，加大线上与线下、现场与远程交互使用的灵活性，采用多维互动形式，实现公众与"邻避"项目的高度交互，让公众可以在家看项目。二是探索建设信息交互服务平台，加大与互联网深度融合，开展在线答疑服务，实时回应公众需求和疑虑，最大限度地为公众提供专业便捷服务。三是探索将网络直播与电视问政、热线电话、网站留言等传统方式相结合，就热点话题与公众直接对话，第一时间权威发布、权威解读、权威推介。

12　环境"邻避"冲突纠纷解决机制的发展和完善

在社会转型时期各种矛盾碰头叠加的背景下，出现了复杂利益诉求"搭便车"的现象，"邻避"纠纷背后原因错综复杂，既包括"邻避"设施本身环境风险带来的纠纷，也包括"邻避"设施选址决策风险带来的纠纷，可能涉及环境纠纷、征地拆迁纠纷、行政纠纷等多种纠纷形式，加剧了"邻避"纠纷解决的难度。特点主要包括：一是纠纷主体的多元性，既包含少数项目周边地区的孤立个体，也可能包含具有某些利益诉求的相关群体，如周边地区的房地产开发商，环保 NGO 组织，人员组成复杂。二是纠纷双方的不对称性，环境"邻避"纠纷双方多为公众与政府或者公众与企业之间的纠纷，由于身份权势差距和信息掌握的不对等导致了纠纷双方的不对称性。三是纠纷具有更为突出的事前预防属性，从我国近年来发生的环境"邻避"事件规律来看，事件发生阶段明显前移，"邻避"纠纷集中爆发在项目选址、规划论证和环评、稳评等前期阶段。四是后果的严重性，环境"邻避"纠纷涉及主体多，不能及时解决，导致矛盾的累积和激化，可能引起群体性事件，危害社会秩序和政府公信力。发达国家的环境"邻避"纠纷解决已经进入法制化轨道，如美国的《环境政策与冲突解决法》、日本的《公害纠纷处理法》以及德国的《环境责任法》，通过法律途径规范了环境"邻避"冲突解决程序，充分发挥环境司法作用，解决了大量"邻避"冲突。我国目前在环境"邻避"纠纷解决方面的立法和有关机制还不完善。如何有效解决因环境"邻避"冲突而产生的纠纷不仅关系到公众利益能否得到有效的保护，还关系到国家治理能力现代化水平以及行政程序和司法程序设置的合理性问题，更关系到社会的和谐稳定。深入分析我国环境"邻避"纠纷解决机制的发展、存在的问题，探索多元纠纷解决机制极为迫切。

12.1　我国环境"邻避"冲突纠纷解决机制的发展

12.1.1　环境"邻避"冲突纠纷解决机制的萌发

从 20 世纪 90 年代初开始，突发性环境事件和环境质量恶化导致公众环境维权意识增强，环境"邻避"冲突初步显现。随着我国进入重化工时代，各地经济迅猛发展，一些地方政府片面追求 GDP 忽视环境保护，粗放的经济发展方式导致长期积累的环境矛盾集中爆发，特别是进入 21 世纪后，四川沱江特大水污染、浙江东阳画水镇化工污染、松花江特别重大水污染责任事件等有关环境污染引发的群众信访、群体性事件频发。在一系列重大环境污染事件的影响下，公众的环境维权意识普遍增强、维权行为普遍增多，在北京、广州等经济发达地区零星出现居民抗议周边建设加油站、加气站、垃圾焚烧厂等"邻避"冲突，环境"邻避"冲突进入萌发期。总体来说，这一阶段的公众纠纷主要在污染造成明显的侵害后果后产生。由于互联网尚未普及，纠纷表达形式单一，最初以上访要求工厂停止排污或搬迁为主。"污染环境也是犯罪"的理念尚未在全社会普及，大多数公众在发生环保纠纷之后多依靠私力救济、行政救济甚至采取堵门、闹访等极端手段来解决，政府方面大多处于"邻避"无意识状态，缺乏对环境"邻避"纠纷的主动化解，以见招拆招的被动应对为主。

12.1.2 环境"邻避"冲突纠纷解决机制的探索

2007 年厦门 PX 事件以后，我国进入环境"邻避"事件多发期，环境"邻避"冲突引发的公众纠纷由项目环境侵害引起的补偿性纠纷向环境敏感性项目不确定风险引起的预防性纠纷转变，各地政府逐步树立环境"邻避"意识，进入环境"邻避"冲突纠纷解决机制的探索期，主要以协商、行政复议和行政诉讼等纠纷解决方式为主，环境公益诉讼制度逐步兴起。

（1）协商：2008 年，因担心磁悬浮对身体带来的危害、动迁范围不满足法律要求、房地产贬值、程序公正问题等纠纷引发上海磁悬浮事件，居民大规模的"散步"行动。为了化解纠纷，上海市信访办组织政府相关部门、专家与居民代表三方参加的协调会，由于政府关注项目的公益性，专家关注项目的技术可行性，公众关注项目的潜在风险，问题关注重点的不同造成各方无法在同一层面的对话平台上实现有效交流，虽然最终没有达成共识，但体现了政府主动采用协商方式化解环境"邻避"纠纷的探索。

（2）行政复议和行政诉讼：2007 年，全国首个环保法庭在贵阳清镇市成立，环境司法专门化局面初步建立，环境司法在化解环境"邻避"纠纷中开始发挥作用。2010 年，因担心秦皇岛西部生活垃圾焚烧发电项目环境污染、土地征用纠纷、环评造假等，当地村民代表先后通过申请行政复议和行政诉讼的方式维护自身权益，2011 年 5 月 27 日，河北省环保厅撤销该项目环评批文，同时明确要求在环评报告重新上报获批之前，该项目不得施工建设，通过行政复议和行政诉讼，申诉目标达到，村民代表于同年 6 月 8 日撤诉。据统计，截至 2014 年 7 月，中国已有 16 个省（区、市）设立了 134 个环境保护法庭、合议庭或者巡回法庭，依法审判了一批有影响的环境资源类案件。2014 年 7 月，最高人民法院成立了专门的环境资源审判庭，环境资源审判工作力度进一步加大。

（3）环境公益诉讼的兴起：2012 年修改的《中华人民共和国民事诉讼法》第 55 条增加了公益诉讼制度，规定机关和有关组织可以提起公益诉讼，之后在 2014 年修改的《中华人民共和国环境保护法》中，专门规定了环境公益诉讼制度，通过明确有权提起公益诉讼的社会组织的主体资格，明确了环境公益诉讼社会组织的主体资格标准，社会组织提起公益诉讼是社会公众依法参与环境治理的新的诉讼机制。由于当年新环保法未正式实施，社会组织参与环境公益诉讼的壁垒尚未打通，环境公益诉讼对解决环境"邻避"冲突发挥的实效微乎其微。

12.1.3　环境"邻避"冲突纠纷解决机制的多元化发展

我国环境"邻避"冲突形势日益严峻，尤其在 2016 年集中爆发了一批以垃圾焚烧发电项目为重点的"邻避"事件，各级政府对环境"邻避"问题重视程度前所未有，我国进入环境"邻避"冲突纠纷解决的攻坚期，纠纷解决机制逐步进入多元化、法治化阶段。

（1）纠纷多元化解机制：2015 年 12 月印发的《关于完善矛盾纠纷多元化解机制的意见》，2016 年 6 月，最高人民法院发布《关于人民法院进一步深化多元化纠纷解决机制改革的意见》，中央通过自上而下一系列的文件规定，对多元化纠纷解决机制改革作了总体规划。2016 年 5 月 1 日，厦门正式实施我国第一部关于多元化纠纷解决机制建设的地方法规《厦门经济特区多元化纠纷解决机制促进条例》。2016 年 10 月，山东省人大会议通过了《山东省多元化解纠纷促进条例》，实现了省级层面纠纷立法的零突破。此后，四川、黑龙江、安徽、福建等多省也正积极推进多元化纠纷解决机制的地方立法。从中央的政策文件到地方的立法尝试，多元化纠纷解决机制日趋完善。

环境公益诉讼制度的完善：2015 年 1 月 1 日，"史上最严"的新《中华人民共和国环境保护法》正式实施，要求设立环境公益诉讼制度，将民间力量有序纳入环境治理机制中。同月，最高人民法院发布的《关于审理环境民事公益诉讼案件适用法律若干问题的解释》，对预防性环境侵权责任作出了规定，为预防性环境公益诉讼提供了遵循，极大地调动了社会组织参与环境"邻避"纠纷公益诉讼的积极性。2018 年 1 月，中国绿发会针对江苏常州的一家垃圾处理企业环评造假和试运行阶段的环境污染问题提起预防性环境公益诉讼，将环评单位和属地环保部门列为共同被告。2017 年 12 月和 2018 年 4 月，民间环保组织自然之友先后就江苏大吉发电有限公司和安庆皖能中科环保电力有限公司持续、超标排放大气污染物行为提起环境公益诉讼。这些环境公益诉讼有效发挥了对行政决策的监督作用以及对环境"邻避"设施达标排放的倒逼作用。2017 年 6 月 27 日，全国人大常委会审议通过修改民事诉讼法和行政诉讼法的决定，检察机关提起公益诉讼制度正式建立。经历了试点再到全国范围内推广，从"只有行政机关能提起公益诉讼"到"社会组织也能作为原告"和"检察院提起公益诉讼"，环境公益诉讼制度日趋完善。

（2）地方立法助力环境"邻避"纠纷化解：2016年12月，广东省人大常委会发布了《关于居民生活垃圾集中处理设施选址工作的决定》，其中对生活垃圾集中处理设施建设纠纷解决作了规定，要求广东各级人民政府应当完善居民生活垃圾集中处理设施周边居民的诉求表达机制，健全纠纷协商解决机制，公民、法人或者其他组织认为政府及有关部门关于居民生活垃圾集中处理设施选址的行为不当的，应当通过行政复议、诉讼等法定途径解决，为项目纠纷解决纳入法制化轨道提供了遵循。

12.2 我国环境"邻避"冲突纠纷解决机制现存问题

12.2.1 环境"邻避"纠纷非诉讼解决方式的制度局限

环境"邻避"纠纷非诉讼解决方式形式多样，但现阶段仍存在一些制度局限。一是贯穿项目全过程的公众参与制度缺失。从现有法规制度上讲，我国的公众参与仅在环评阶段有明确的法制要求，最容易爆发"邻避"事件的项目在选址论证阶段，如何指导和规范有关公众主动、积极、有效参与到项目选址论证决策过程当中，目前在法律层面上没有明确要求。选址论证阶段公众参与法律保障的不足导致环境"邻避"纠纷化解在萌芽阶段的有效性不足。二是我国尚缺乏关于协商解决环境"邻避"纠纷的制度规范。环境"邻避"纠纷当事人双方力量过于悬殊，虽然公众一方占据人数优势，但与政府的行政权利和企业的市场权利相比，在专业性和话语权均处下风，在纠纷协商中亟须制度保障。目前我国在协商程序、协商结果贯彻实现等方面缺乏制度规范约束。三是行政复议法对于环境"邻避"纠纷缺乏清晰的行政救济规定。关于行政复议的适用范围，在《行政复议法》中仅有兜底条款"认为行政机关的其他具体行政行为侵犯其合法权益的"适用于环境"邻避"纠纷，并且行政复议机关具有自由裁量权，政府可以选择规避"邻避"问题的申诉。四是互相嵌套的行政审批链条客观导致纠纷解决的复杂性。"邻避"项目的行政审批环节可能牵涉发改、国土、规划、住建、环境等多个部门的利益，互相嵌套的行政审批链条使得公众难以明晰各个职能部门的逻辑关系和具体责任，在上访、信访行政复议时往往出现各个部门互相推卸各自行政责任，导致公众对纠纷解决结果不满意、不买账。

12.2.2 环境"邻避"纠纷诉讼解决方式存在的困难

诉讼解决方式为环境"邻避"纠纷化解提供了法制保障，但在实际运用中面临诉讼积极性不高、立案难、举证难、审理难等问题。一是诉讼积极性不高。在行政诉讼方面，环境"邻避"纠纷的潜伏期较短，针对"邻避"设施的选址决策，诉讼解决时效性较差。

此外，很多参与环境"邻避"纠纷的公众具有"搭便车"心理，提起诉讼的自身驱动力不足。在环境公益诉讼方面，多数环保组织公益诉讼实践经验不足，单靠自身力量进行调查取证等工作较困难，真正提起环境公益诉讼并成功立案的环保组织数量还是太少。二是立案难。对于"邻避"设施的选址决策，存在有法可依但有法难依的窘境。从现实情况来看，由于环境"邻避"纠纷通常存在于公众和政府之间，一些地方法庭认为环境"邻避"纠纷应由政府部门解决，由法院审理非常困难，因此不愿受理。三是举证难。大量环境"邻避"纠纷起因于设施尚未建设之前，环境侵害尚未实质发生，当前环境健康风险评估手段仍然欠缺，诉讼举证存在技术上的难点。四是审理难。由于环境"邻避"纠纷错综复杂，既具有损害鉴定和评估的专业性，又具有很强的社会性，对审理人员的综合素质要求较高，现有的环境资源审判庭对环境"邻避"纠纷审理经验积累不足。

12.3　我国环境"邻避"冲突纠纷解决机制完善建议

环境"邻避"冲突经常是多边的、反复的，没有一种万能的纠纷解决方法可以化解错综复杂的环境"邻避"纠纷，要充分认识环境"邻避"纠纷解决的重要性，完善多元化纠纷解决机制，建立"预防为主，分类化解"的精细化纠纷解决机制，推动环境"邻避"冲突有序解决。

第一，预防为主，建立贯穿项目建设始终的公众参与法律制度体系，增强公众意见反馈的强制性。由于环境"邻避"纠纷具有较强的事前预防属性，纠纷化解机制也应遵循预防为主的原则，加强环境"邻避"纠纷源头化解的意识，充分发挥公众参与对纠纷的疏解作用。建立贯穿项目建设始终的公众参与法律制度体系，保障公众参与信息反馈渠道的畅通并增强公众意见反馈的强制性，有利于增强公众的参与感，实现政府和社会公众双方的良性互动，有助于从源头达成共识，把纠纷化解于无形。新出台的《环境影响评价公众参与办法》对环评阶段公众意见反馈作了明确规定，应切实抓好落实，其他项目阶段也应借鉴环评公众参与的做法，重视民意的收集和反馈。

第二，分类化解，建立完善适应不同需求的纠纷解决程序，加强多元化纠纷解决机制的衔接。环境"邻避"纠纷错综复杂，在纠纷化解时应深刻剖析纠纷产生的原因，分类施策。一是制定协商解决环境"邻避"纠纷的制度规范。对"邻避"设施负外部性带来的项目周边群众担心环境污染风险导致作物受损、房屋土地贬值等经济损失产生的纠纷，充分发挥协商作用，推进利益补偿等公众合理需求的前置化和标准化。"邻避"冲突形势严峻的地方可考虑以法规制度的形式，将项目前期选址阶段协商程序固定下来，对协商主体、内容、形式等作出规范，增强对协商结果的制度保障。通过协商进行风险沟通并确定利益补偿方案，以此化解由利益受损带来的纠纷。二是加强对行政复议解决"邻避"设施行政决策纠纷的重视。对"邻避"设施选址、拆迁安置、环境影响评价等行政决策导致的环境"邻避"纠纷，充分发挥行政复议解决行政争议、化解"邻避"纠纷的作用，在保证行政复议程序规范性的同时，做好与调解、行政诉讼的衔接。三是提高诉讼解决环境污染侵权纠纷的积极性。对"邻避"设施带来的大气、水、噪声、固体废物、电磁辐射等环境污染侵权纠纷，充分调动公民提起民事诉讼和行政机关、环保社会组织、检察机关提起环境公益诉讼的积极性，引导通过法制手段对违法企业进行严惩。四是加强对预防类环境公益诉讼典型案例的总结推广。发布典型案例为法院依法审理预防类环境公益诉讼案件提供示范和指导，通过经验积累和学习提高司法审判能力，促进案件裁判尺度的统一，为依法破解"邻避"困境提供有益的法律解决路径。

13　将"邻避"补偿问题纳入生态补偿政策范畴

在实际的"邻避"事件中，由于生活垃圾处理设施的负外部环境效应，环境利益补偿成为周边公众最重要的诉求之一。从各地的成功实践来看，在相关利益群体获得合理的补偿情况下，"邻避"风险通常可控，不会酿成"邻避"事件。目前，我国针对生态补偿的立法工作已启动，并陆续出台了一系列建立健全生态补偿体制机制的重要文件。生活垃圾处理等基础设施的环境利益补偿与生态补偿有明显相似性，相关研究对于化解环境社会风险具有重要意义。

13.1　生态补偿内涵

生态补偿的概念最早由生态学者提出，主要关注生态系统内部的平衡，并不涉及人与社会的参与，后由经济学者和环境学者将生态补偿的概念社会科学化。陆新元等为了与生态学中的生态补偿作出区分，1994 年提出"生态环境补偿收费"概念。2006 年环境经济政策研究学者任勇等提出生态补偿机制是为改善、维护和恢复生态系统服务功能，调整相关利益者因保护或破坏生态环境活动产生的环境利益及其经济利益分配关系，以内化相关活动产生的外部成本为原则的一种具有经济激励特征的制度。

通过梳理生态补偿的内涵可见，生态补偿基本属性是一种平衡环境多方利益关系的经济手段，主要针对环境领域的外部性现象。生活垃圾处理设施建设具有公共服务功能，但可能带来不动产贬值或后续发展受阻等经济影响，同时对设施周边居民可能造成环境、健康影响，具有明显的负外部环境效应。基于经济学的外部性理论，生活垃圾处理设施对于居民造成的外部成本应纳入生态补偿范围，充分利用生态补偿机制弥补垃圾处理设施建设对选址区居民所带来的利益损失，将"邻避"冲突的外部效应内部化。

目前我国已启动生态补偿立法工作，先后出台了《关于加快推进生态文明建设的意见》《生态文明改革总体方案》《关于健全生态保护补偿机制的意见》等重要文件，要求完善生态保护补偿体制机制，但这些文件关注的重点领域包括森林、草原、湿地、荒漠、海洋、水流、耕地等区域、流域资源和生态系统功能，尚未将生活垃圾处理等具有显著负外部效应的生活基础设施生态补偿纳入其中，制约其生态补偿长效机制的建立。在生活垃圾处理设施"邻避"效应日益严峻的背景下，应进一步明确和统一生态补偿内涵，将生活垃圾处理等生活基础设施利益补偿纳入生态补偿范畴，加强生活垃圾处理设施建设生态补偿机制探索。

13.2 我国生活垃圾处理设施建设生态补偿现状及问题

第一，积极出台生态补偿政策，但部分地区把生态补偿等同于救济补偿，主动补偿意识薄弱。为破解垃圾处理设施的"邻避"效应，北京、上海、广州、南京、中山、东莞、苏州、重庆等地区率先积极探索，相继出台了城市生活垃圾处理的相关生态补偿政策，积累了生态补偿实践经验，取得了明显的成效。但部分地方政府把生活垃圾处理设施生态补偿等同于救济补偿，主动补偿意识薄弱，存在"经济好的地区补偿，经济不好的地区不补偿""大闹大补偿，小闹小补偿、不闹不补偿"的现象，形成了恶性复制效应。

第二，积极创新生态补偿思路，但补偿主体和方式单一，补偿范围不明确，缺乏长效机制。综合目前各地已出台的生活垃圾处理生态补偿办法规定，责任义务主体均以政府为主导，没有全面反映各方利益关系，对企业和受益的大多数人要求比较缺失，"谁受益，谁补偿"的意识仍然缺乏。某些经济相对发达的地区已经认识到单靠资金补偿手段的不足，积极探索资金补偿、实物补偿、政策补偿等多种生态补偿方式，有了不少新思路、新做法，对解决征地、搬迁方面的矛盾发挥了一定的作用。但就全国范围而言，除资金补助外，产业扶持、技术援助、人才支持、就业培训等补偿方式未得到应有重视，异地搬迁居民的生活方式转变、生活习惯融入等问题尚且缺乏有效的解决方式，生活垃圾处理长效补偿机制尚未完全建立。生活垃圾处理设施周边受损范围和受损程度难以评定，使得长期以来补偿金的发放金额和适配标准难以保证绝对公平。在项目实际操作层面，由于补偿范围的问题引发的矛盾纠纷层出不穷。由于补偿范围缺乏统一、权威性的指标体系和测量方法，项目"1 千米"内的居民满意了，"1 千米"外的居民开始闹了，补偿范围不应以群众反对声音强弱而定。

第三，不断拓展补偿资金来源，但渠道仍显单一，使用方式不够透明，缺乏公众监督。为做好生态补偿工作，各地区积极拓展补偿资金来源，但目前国内各个城市的生态补偿资金多以区一级政府为对象，基本由各生活垃圾输出区财政按进入生活垃圾终端处置设施的垃圾量标准缴纳。例如，北京为 150 元/吨，广州、济南为 75 元/吨，深圳、南京、苏州、重庆、西安为 50 元/吨（图 13-1）。生态补偿金主要用于垃圾接收区垃圾转运、处理设施周边地区环境美化和生态环境影响整治、市政配套设施建设和维护、生活垃圾终端处置设施的提标升级、周边地区居民生态补偿、扶持处置设施所在区域的经济发展等支出。生态补偿金由市财政局负责管理、核拨工作，牵头组织对生态补偿费支出的检查。由于生活垃圾处理设施具有"邻避"效应，相关利益群体对其有利益补偿的需求，垃圾处理生态补偿费如何使用是公众关注的焦点，公众担心生态补偿费经各级政府及基层组织"转手"之后，被挪作他用，真正落到受损害居民身上的可能性大为减少。公众的质疑反映出生态补偿金的使用方式不够透明，监督手段单一，社会监督不足的问题。

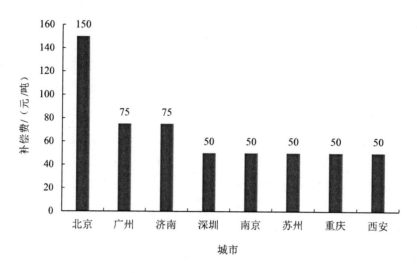

图 13-1   部分城市生活垃圾异地处置生态补偿费

13.3   对策建议

第一，拓展生态补偿内涵，将具有明显负外部环境效应的生活基础设施环境利益补偿纳入生态补偿范畴。将生活垃圾处理等具有明显负外部环境效应的生活基础设施利益补偿，纳入生态补偿政策框架范围，在相关立法和政策文件中，将生活垃圾处理设施建设生态补偿的基本要求、主要领域、补偿范围、补偿对象、资金来源、补偿标准、相关利益主体的权利义务、考核评估办法、责任追究等问题作出原则性和程序性规定，使相关补偿机制具有法律保障。

第二，逐步生态补偿政策体系。出台全国范围的生活垃圾处理设施建设生态补偿指导文件，作为各地区总的指引和遵循。据此，各地结合当地实际，制定生活垃圾处理设施生态补偿实施细则，明确生态补偿的标准、形式、补偿范围、资金来源等具体问题，便于具体操作。在项目层面，制定补偿实施方案。在选址阶段对于补偿方式和补偿标准等问题充分听取各方意见，根据不同的情况设计多种解决利益诉求的选项方案。通过多方利益主体的博弈，求取"最大公约数"，修订完成项目生态补偿实施方案。项目通过合法审批后，按照生态补偿实施方案，抓好落实。

　　第三，加强科学研究，探索多元化补偿方式，建立补偿长效机制。补偿是否合理，能否兼顾和平衡补偿各方利益，直接关系生态补偿工作的公正、公平程度。加强生态补偿的科学研究工作，对生活垃圾处理生态补偿标准体系、补偿范围等关键技术进行跨学科综合研究，制定具体的技术指导规则和操作办法，保证补偿标准公正透明、科学合理。建立生态补偿长效机制，转变一次补偿到位的模式，除资金补偿外，创新政策补偿、实物补偿、智力补偿等多种补偿方式，使生活垃圾处理设施形成造血机能与自我发展机制。在实际补偿中应注意将直接补偿和间接补偿相结合。直接补偿建议按人口、土地、垃圾处理量进行资金补偿；间接补偿建议以公共设施的共享、就业安置、资金入股、税收优惠、提供免费的社会福利等方式进行。

　　第四，探索多渠道资金来源，建立补偿金使用监督机制。逐步建立"政府引导、市场推进和社会参与"的生态补偿机制，积极引导社会各方参与。如对垃圾处理费实行阶梯式管理，垃圾超量多付费，减量有补助。通过征收垃圾处理费，一方面提高受益者的生态补偿意识，另一方面以此倒逼垃圾分类减量，促进居民形成绿色生活方式。建立垃圾处理生态补偿基金，除政府固定资金投入外，接受社会的捐赠。政府相关部门加强对生态补偿资金分配使用的监督考核，严格资金使用管理，确保生态补偿金专款专用，加强生态补偿效果评估，确保生态补偿政策落到实处。将投入环保项目的名称、资金去向、惠民工程建设进展等重要信息向公众公开，实施阳光操作，充分发挥社会公众的监督作用，进而推进生态补偿金合理合法使用。

专栏 9　落实"资""物""利"全方位补偿的创新实践
——深圳市某垃圾焚烧发电厂工程项目

　　深圳市某垃圾焚烧发电项目启动建设后，居民投诉不断，诉求主要包括对园内新建项目的反对、要求对所有相关项目进行监测评估、要求对环境园内所有处理项目做污染物排放量的总评估和检测、反对再增加建任何垃圾终端处理项目，要求政府遵守"项目回馈补偿协议"、落实补偿方案等。深圳市政府客观分析群众诉求，通过全过程的监管和兑现利益补偿承诺有效化解了"邻避"问题。

　　强化全过程监管。为确保垃圾处理设施的高效运营，深圳市不断强化该项目的全过程监管。一是建立垃圾焚烧处理厂在线监测系统。垃圾焚烧烟气污染物排放数据通过在线监测系统实时获取并与城管、环保部门联网。在厂门口等明显位置设置显示屏，通过显示屏同步对外发布烟气数据。二是市、区城管部门根据事权建立派驻监管小组。小组按照规范标准对垃圾处理全过程进行现场监管，每月形成监管报告作为垃圾处理费支付依据。三是实施社会监管模式。委托第三方专业监测机构，每季度开展垃圾焚烧厂、卫生填埋场的废气、渗滤液、噪声等指标检测。组织由政府人员、专家、人大代表或政协委员、居民代表等组成的联合小组，对垃圾处理设施运行情况进行严格监督检查。借助市政府市民热线、城管热线、环保邮箱和数字化城管等平台，充分了解周边居民诉求，及时发现问题，及时整改。四是提升改造现有垃圾焚烧处理设施，从技术提标、整体环境、管理提升、功能完善四个方面开展提升改造专项行动。

多元化利益补偿。项目从一开始就高度重视群众利益补偿，通过多元并举的方式，对当地民众开展"资""物""利"全方位补偿，赢得了当地民众的信任和支持。一方面为当地民众直接提供资金补偿，由政府出面，根据环境影响评价阶段对周边影响程度的不同进行利益回馈。该厂采取低利润高环境效益的运营模式，以吨垃圾处理量作为补偿金额的具体计算依据，每处理一吨垃圾补偿周边居民约100元。另一方面向周边村委、园区免费或低费用提供炉渣、蒸汽等，炉渣经由周边村委开设的环保公司加工制砖后，免费提供给村民使用，蒸汽以成本价提供给周边工业园区，吸引了40余家企业入驻，直接增加三万多就业岗位，大大带动了周边经济发展。此外发电厂承诺在某些非关键岗位中优先录用周边村民，区政府持续贯彻村民体检的福利承诺，每年给周边村民每人800元的体检费用报销额度，该福利一直沿用至今。这种企业让渡一定的预期经营收益，政府提供更加完善的公共服务的做法，实现了企业和当地居民新的利益平衡，实现了"邻避"向"邻利"转变。

14　运用生态设计理念破解"邻避"困局

生态设计理念在产品生产、城市景观、建筑工程等领域得到了不少应用和探索，积累了成功经验，成为推进绿色化的重要源头性机制措施。近年来，垃圾焚烧等公共基础设施建设"邻避"问题凸显，一些项目环境污染、"形象"不佳、群众排斥，成为掣肘其落地实施和健康发展的重要因素。探索应用生态设计机制，从源头践行绿色发展观，是摆脱公共基础设施项目"邻避"困境的重要路径，也为提升垃圾焚烧行业绿色发展水平、创新防范"邻避"风险的机制和政策导向提供参考。

14.1　工业生态设计的理念及有关实践

14.1.1　工业生态设计理念的源起与发展

生态设计是与自然相作用、相协调的设计理念，涉及园林景观、城市规划、建筑、工业产品、工程、旅游、交通、制造业等领域。生态设计理念在 20 世纪五六十年代西方国家日趋严重的环境污染与公害事件形势下应运而生，大体经历了理念形成和逐步应用两大阶段。

理念形成阶段：1971 年，美国设计理论家维克多·巴巴纳克出版的《为了真实世界的设计——人类生态学和社会变化》强调设计应该认清有限的地球资源的使用问题，并为保护地球的环境服务，促进了"生态设计"理念的孕育。1995 年，生态学家西蒙·范·迪·瑞恩和斯图亚特·考恩在《生态设计》一书中指出，任何与生态过程相协调，尽量使其对环境的破坏影响达到最小的设计形式都称为生态设计（Eco-Design），正式提出了生态设计的定义。1997 年，联合国环境规划署（UNEP）提出，生态设计是环境因素决定设计决策的方向，与一般的传统因素（如利润、功能、美观、环境条件与效率、企业形象和质量等）有同样的地位，进一步明确了生态设计的内涵。

逐步应用阶段：2005 年，欧盟颁布《用能产品生态设计框架指令》（简称 EuP 指令），对用能产品设定了涵盖整个生命周期的生态设计框架性要求，标志着生态设计在产品层面逐步推广应用，"生态设计"从理念进入法律实施层面。该指令要求"为改进产品性能、增加商业价值，将产品生命周期中的环境因素系统地综合到产品的设计和开发中"。2007 年，该指令陆续转换为欧盟各成员国的法律法规。2009 年，欧盟委员会公布了《确立能源相关产品生态设计要求的框架指令》（2009/125/EC，简称 ErP 指令），开始将适用范围扩展到间接用能产品。

14.1.2　工业生态设计在我国的实践应用

当前在我国工业领域，生态设计的应用主要集中于产品层面。2011 年，《国务院关于加强环境保护重点工作的意见》（国发〔2011〕35 号）首次明确提出推行工业产品生态设计的要求。2013 年，工业和信息化部、国家发展改革委、环境保护部联合发布《关于开展工业产品生态设计的指导意见》（工信部联节〔2013〕58 号），首次明确指出我国关于工业生态设计的定义，认为生态设计是按照全生命周期的理念，在产品设计开发阶段系统考虑原材料选用、生产、销售、使用、回收、处理等各个环节对资源环境造成的影响，力求产品在全生命周期中最大限度降低资源消耗、尽可能少用或不用含有有毒有害物质的原材料，减少污染物产生和排放，从而实现环境保护的活动。从 2015 年起，工业和信息化部陆续推动了"工业产品生态（绿色）设计示范企业""生态（绿色）设计产品"等建设和评选工作。截至 2021 年，已经完成 245 家工业产品生态（绿色）设计示范企业验收，公布生态（绿色）设计产品 3 159 种，制定和发布了 192 类生态设计产品标准（表 14-1）。

表 14-1　历年生态设计产品和工业产品绿色设计示范企业数量

	2016 年	2017 年	2018 年	2019 年	2020 年	2021 年
生态（绿色）设计产品/种	193	53	480	371	1 073	989
工业产品生态（绿色）设计示范企业/家	—	—	—	61	67	117

生态设计相关工作中，除了工业和信息化部牵头实施的生态（绿色）设计工作外，还包括市场监管总局牵头的绿色产品评价及认证工作和生态环境部牵头的环境标志产品认证工作，相关工作虽然没有明确生态设计的名义，但在应用中一定程度上也体现了生态设计的理念。

总体来看，我国工业生态设计的主要特点包括：①工业生态设计首先是一种设计理念与手段，强调从设计入手考虑产品全生命周期环境影响。把产品从原材料选择到最终废弃全过程中的经济和环境影响纳入设计决策，使环境末端治理向生产过程、源头端延伸。②工业生态设计理念是清洁生产、循环经济等的深化，与绿色发展思想高度契合。工业生态设计强调在设计阶段统筹策划，从源头和更高层次体现了"预防优于治理"，能够从根本上提高环境绩效，对清洁生产、循环经济等内涵进一步深化，契合绿色发展思想。③工业生态设计当前在我国的应用主要集中于产品层面，内涵仍需拓展。工业生态设计尚未成为普遍工具，主要在产品领域应用较广。同时，目前推动的生态设计体系大多只体现了环境、资源等要素，而对社会、生态和谐的要求不足。

14.2 "邻避"设施工业生态设计思路

14.2.1 既关注垃圾焚烧设施环境治理末端管控，也关注生态融合和社区和谐等要求

现有的垃圾焚烧设施环境治理源头管控机制仍不完备。为了促进垃圾焚烧行业的环境治理、推动绿色发展，我国针对垃圾焚烧厂提出了若干标准规范性文件。如《生活垃圾焚烧厂评价标准》（CJJ/T 137—2019）、《生活垃圾清洁焚烧指南》（RISN-TG 022—2016），从工程建设和运行管理两方面对垃圾焚烧厂的源头管控进行指导。此外，由中国生态文明研究与促进会制定的《生活垃圾焚烧行业绿色发展标杆企业评审管理办法（修订）》，以及由工业和信息化部提出的绿色工厂评价，设置了综合评价指标。然而大部分指标集中于末端管控，发挥源头预防的机制有限，不能充分推动绿色化发展。

现有规范文件侧重环境安全的末端管控。其中环境治理的要求最全面，有关污染排放方面的标准要求最多，且很多已经接近国际标准，但主要集中于末端管控，如废气产生后的收集和处理方式、渗滤液的排放达标率等。而在景观层面、社区层面和经济层面的设计规范不足，需要进一步加强规范约束，进行案例总结和经验推广。

现有的垃圾焚烧设施仍然欠缺高水平的管控标准指导。现行的垃圾焚烧设施源头管控要求大多沿用一般标准。例如，多数文件均要求炉膛内焚烧温度要≥850℃，但并没有对布设监测点进行过多要求。另外，垃圾焚烧设施多采用工业化建筑外观，导致周边社区群众排斥心理强烈，而在其建设规范中对建筑外观、景观的要求仅为原则性要求，缺乏可以让企业遵循的指标引导。事实上，目前已有一些垃圾焚烧企业选用先进的炉排炉焚烧工艺和先进的脱酸处理，烟气排放标准全面优于国家标准甚至达到欧盟垃圾焚烧污染物排放标准（DIRECTIVE—2000），普遍达到国内外先进排放标准的能力。因此有必要将现有的管理机制向源头管控延伸，从源头强调垃圾焚烧设施环境、生态安全。同时，扩充源头管控的生态和谐、社区友好、经济有效内容，将生态设计的先进设计理念、设计方法和模式引入到生活垃圾焚烧行业中来，从源头防治污染，将我国垃圾焚烧企业普遍提升到国内外先进水平，加快推进行业绿色发展。

14.2.2　构建生态设计指标体系，引导垃圾焚烧行业绿色发展

制定指标体系是指导有效开展生态设计的基础。垃圾焚烧设施生态设计指标体系应该从以下几方面考虑：一是生态设计指标应当考虑全生命周期，包括"垃圾分类-转运-焚烧-热能利用-污染处置"等系统和环节，力求全面。二是生态设计应为高标准、高水平的设计决策。国内在环保、节能、节水、低碳、可再生等方面已经出台了各种标准规范，对垃圾焚烧项目合规建设和运营提供了指导，但生态设计应该在满足国内基本要求和标准的前提下，以达到国际或国内行业先进水平为生态设计的重要目标。三是生态设计指标应统筹考虑当前垃圾焚烧项目设计的短板和不足，以及容易引发"邻避"问题的因素。通过生态设计，系统提升垃圾焚烧厂绿色化建设水平，最大限度降低环境社会风险。综上，生态设计指标体系应该从"环境安全""生态和谐""社区友好""经济有效"四个设计角度进行设置，初步考虑设置以下 4 个一级指标。

（1）环境安全指标

从环境安全角度来讲，垃圾焚烧厂生态设计需要将其生命周期各个环节可能对环境造成的影响均纳入考量，并在降低污染排放、保障安全运转、提高绩效水平等方面融入生态设计理念，生态设计指标应从以下几方面提出约束：一是建设原材料替代。在垃圾焚烧厂设计建设过程中，重视环保原材料替代，尽量选用对周边环境、人群健康影响小的节能环保建筑材料进行建设。二是垃圾运输过程封闭设计。选用防渗防腐性好、排水设施有保障的设计、建设材料和设施，建设封闭式卸料大厅，防治有毒有害气体和臭气逸散。三是垃圾焚烧风险防范设计。要求对焚烧炉膛采用符合 3 "T"，即保证焚烧炉出口烟气的足够温度（temperature）＞850℃、烟气在燃烧室内停留足够的时间（time）＞2 s、燃烧过程中含适当的湍流（turbulence）功能的设计，保障焚烧热值。安装先进的仪表及自动化控制系统（DCS）、自动燃烧控制系统（ACC）、供风系统、助燃系统及炉膛温度监测系统，保证炉膛主控温度区温度满足垃圾焚烧厂安全高效运转需求。设置备用焚烧线，增加风险防范设施及措施，应对突发情况，保障厂区及周边群众安全。四是垃圾处理全过程的污染处理设计。针对重点大气污染物、臭气排放控制安装相应的脱除、去除、去味设施。设计建设废水、渗滤液适当有效的收集处理设施及安全保障设施。对上述污染排放过程进行全程监测并于监管部门联网。五是有毒有害物质控制设计。依据区域垃圾成分特点，有针对性地设计与重金属、二噁英对应的监测计量、输送和去除设施。对飞灰的输送、储存和后续处理选用密闭性好、环境部门认可的处理处置设施和措施。

（2）生态和谐指标

垃圾焚烧厂设计时应注重减少其在自然环境或群众居住区域中的突兀和不适感，使垃圾焚烧厂深度融入自然生态景观，打造"花园式工厂"，有效破除"邻避"效应。生态

设计指标应从以下几方面提出约束：一是做好选址，设定防护距离。垃圾焚烧厂与居民聚集区应遵循最低防护距离标准，并要求新建垃圾焚烧厂选址选择要远离居民聚集区的区域。二是景观协调。垃圾焚烧厂应重视外部景观设计，将厂区建筑形态融入自然人文环境，并充分利用园区内部的水域和绿化以及周边的景观资源，使生态景观与周边和谐一体。三是降低对当地生态环境的破坏。垃圾焚烧厂从建设设计至实际开工过程中，应尽可能土方开挖程度，利用地形、降低单体占地面积，有效地减少对原始地形的破坏，降低土石方量。四是保障绿化面积。要求厂区内部保障高水平绿化率，将沿道路布置的绿化带系统以及大面积绿化用地相结合形成有机的绿化系统，尽量选择本地花草树木。

（3）社区友好指标

破除"邻避"效应，垃圾焚烧厂必须积极建立利益共享机制，从设计阶段就加强社区友好设施建设，主动邀请周边群众"走进门、共发展"，增强群众互动互信。生态设计指标应从以下几方面提出约束：一是宣传教育设施建设。要求企业建设有关垃圾焚烧设施、技术、行业的科普教育基地，为公众提供实地了解垃圾焚烧行业的技术、效果和必要性的渠道，破除垃圾焚烧行业在公众心中的"污名"，增近工厂与居民的关系。二是环境信息公开。目前，我国垃圾焚烧厂已普遍完成"装树联"，但公开信息的种类和频率还有不足。生态设计指标应进一步要求企业开展具有科学性的、回应群众关切的垃圾焚烧厂相关污染排放检测、安装监测设施，与监管部门联网并向公众公开。三是其他惠民设施。垃圾焚烧厂须在周边居民区投建健身公园、生态湿地公园等生态环保惠民设施，使厂区建筑和谐融入当地自然人文环境，提升企业、工厂形象，降低周边居民的抵触情绪。

（4）经济有效指标

除上述三方面考量外，垃圾焚烧厂要想持续运转、为周边区域进行固体废物处理并提供发电量，则必须在生态保护、社区友好、景观和谐和项目营收之间找到平衡。从垃圾焚烧厂全生命周期考虑，其生态设计的经济有效指标应主要考虑三个方面：一是资源、能源节约。鼓励企业选用节能环保的建筑设计、设备与产品，使采光、通风、用电等能耗指标达到国际先进水平。二是循环利用。鼓励企业通过前期科学规划，利用产出和资源在厂区内部或结合周边企业构成工艺链或形成有机整体，如可以选址在对电力、热力有需求的行业企业周边，通过热电供给带来可观的经济效益。三是投资运维费用。对相关费用使用的投入产出比纳入考量，从投资—回报的角度对垃圾焚烧厂设计进行约束。

14.3 运用生态设计理念破解"邻避"困局的方式

14.3.1 创新理念,将"邻避"设施由工业处理设施提升为提供良好人居环境产品的绿色设施

建立能够为公众提供良好人居环境功能的绿色设施。《关于印发全国主体功能区规划的通知》(国发〔2010〕46号)中指出,生态产品是指维系生态安全、保障生态调节功能、提供良好人居环境的自然要素,包括清新的空气、清洁的水源、宜人的气候等。从广义上讲,生态产品是指运用生态设计理念,通过生态认证,提供既能满足人们对优质产品的物质需求,又能满足人们对美好生活的精神追求的产品,是一种"环境产品和服务"。很多环境"邻避"设施具有双重属性,以垃圾焚烧设施为例,一方面垃圾焚烧设施作为焚烧处置垃圾的设施,是一种工业处理设施;另一方面垃圾焚烧设施通过处理垃圾,实现垃圾的减量化,能够治理垃圾带来的土地占用、水污染、土壤污染和恶臭污染,为人们提供美好环境的产品和服务,是一种绿色设施。

破除环境"邻避"设施的"污名化"印象。一直以来,环境"邻避"设施的"污名化"印象成为诱发"邻避"问题的重要因素,严重阻碍了公共基础设施的建设和可持续发展。以垃圾焚烧设施为例,其"污名化"及产生"邻避"冲突的主要原因有:①部分项目在焚烧工艺、环境保护措施方面的设计不完善、标准不高,导致污染物无法连续稳定达标排放、臭气污染严重,群众对现有设施的生态环境绩效不满,引发其对新建设施的抵触。②部分项目忽视工业建筑和生态景观融合的设计,在垃圾焚烧项目"污名化"印象还未根本改善的情况下,工业建筑和生态景观的割裂和反差容易加重周边公众心理的不安和排斥。③部分垃圾焚烧设施不注重邻里关系,在科普宣传、惠民设施设计方面存在不足,在正面宣传、公众参与不足的情况下,不利于进一步增进公众对垃圾焚烧设施的认知。垃圾焚烧设施的"污名化",往往导致其新建带来周围居民的反对,陷入"一建就闹、一闹就停"的困境,不利于民生基础设施的健康发展。要破除"邻避"困境,首先应破除公众"污名化"印象,让这些公共服务设施回归还人们良好人居环境质量的本来功能和使命,借助生态设计手段,实现理念的转换。

14.3.2 构建"邻避"设施生态设计制度框架

第一,研究建立"邻避"设施生态设计的方法框架。由生态环境主管部门牵头,做好顶层设计,搭建生态设计方法框架。包括构建评价指标体系、制定生态设计指南、开展生态设计评估等,具体包括:①构建评价指标体系,从环境安全、生态和谐、社区友好、经济有效

等角度出发，选择"邻避"设施"选址-建设-运行"全周期内的可评价指标，完善"邻避"设施生态设计的评价指标，结合国内外"邻避"设施的设计标准和相关行业先进标准，科学制定指标要求和限值。②制定生态设计指南，细化提升现有"邻避"设施的基本性设计要求，并在当前建设标准及技术规范的基础上，对建筑外观、景观设计，宣传教育等惠民设施设计，成本控制等方面进一步进行设计指导。形成"邻避"设施生态设计的建设规范或指南，指导"邻避"设施的新建和改造。③开展生态设计评估，满足申请条件的"邻避"设施，当达到生态设计标准时，可按照相应的评价标准开展自评估并进行生态设计型的设施申请。管理部门对申请的设施进行评估确认并重点关注生态设计指标的完成情况等内容。

第二，促进生态设计型的设施示范推广。形成典型示范，生态环境主管部门可委托专业机构开展生态设计型设施评估工作，通过组织专家论证、公示、现场抽查等对设施进行评选，确定生态设计管理企业名单，颁发"生态设计"环保标识，打造设施生态设计的先进典型。①给予政策支持，对获得"生态设计"环保标识的设施，给予相应的资金投入和税收优惠政策支持，使设施的生态设计得到市场化推广；同时，纳入环境监管"正面清单"，减少监管频次，激励设施的绿色转型。②加强宣传推广，加强设施生态设计的正面宣传推广，以生态设计的典型项目为对象，建立环保教育交流基地，组织企业和公众参观学习，改变公众对"邻避"设施的"污名化"印象，防范和化解"邻避"风险。

专栏 10　应用工业生态设计理念，防范垃圾焚烧行业"邻避"问题的探索实践
——惠州市某综合处理项目

惠州市某综合处理项目坐落在四面环山的涝洼地中，占地面积 1 700 亩，共分焚烧发电厂、辅助功能区、办公生活区以及绿色景观休闲用地等四个功能区。自 2016 年投运以来，陆续获评"中国电力行业优质工程奖""国家优质工程奖""国家 AAA 级生活垃圾焚烧厂""广东省科普教育基地"等多项荣誉称号。项目融合资源综合利用、生态设计、清洁生产、资源循环利用为一体，既是高质量、高标准的综合性固体废物垃圾处理产业园，又是具有现代气息的集环保教育、绿色旅游为一体的新型市政环保基础设施环境园。

（一）环境安全设计方面

惠州项目将生态设计理念融入设计建设和运行管理的各个环节，以减少对环境造成的影响，有效防范环境风险。通过垃圾储运车和卸料场所封闭设计，系统全面的垃圾焚烧风险防范设计，以及烟气排放控制、臭气处置、废水污染防治、有毒有害物质处理设计，项目自 2016 年 5 月 30 日试运营以来，保持了安全、稳定、满负荷运行，炉渣热灼减率小于 3%，特别是 HCl、SO_2、NO_x、烟尘、二噁英等指标，远优于国标和欧盟标准，烟气、污水排放达标。

（二）生态和谐设计方面

惠州项目按照建设花园式工业园理念，形成具有地方特色、层次丰富的景观序列，打造具有深厚岭南文化底蕴的生态环保工业园。一是在建筑外观引入客家人喜闻乐见、倍感亲切的岭南客家建筑元素，将客家的人文情怀等融入项目规划设计，营造优美典致、具有浓厚古典岭南特色的建筑形象，充分利用园区内部的水域和绿化，以及环境园周边的景观资源，使整个园区建筑和谐融入当地自然人文环境。二是巧妙利用地形地势，在环境园北侧建设包含多种处理分区的生活垃圾填埋场，在西北侧建设建筑垃圾填埋场，使"岭南印象"健身公园成为天然屏障，把以焚烧为主工艺的综合生产区，以及综合服务区等功能区与填埋区自然分开，形成独立规整的填埋区。三是按照高档住宅小区及高水平市政公园的标准，进行绿化景观设计，充分利用当地优美的自然环境和所处气候特点，科学选择花草树木，确保日日有花开、月月有花香，绿化用地面积占比达到 35%，超过国家标准（<30%）的要求。四是严格遵循垃圾焚烧厂与居民聚集区的最低防护距离标准，周边最近的榄子坳村距离项目厂界 340 米，距离垃圾卸料区和垃圾贮坑约 600 米。

（三）社区友好设计方面

惠州项目从规划之初就将文化融入及睦邻善举考虑其中，加强社区友好设施建设，拉近了与广大民众之间的距离，使其成为当地村民市民的后花园。一是建有环保教育基地、可持续发展和循环经济科普教育基地功能的客家土楼式的环保低碳馆。二是采用多种形式开展环境信息公开工作，项目已顺利完成"装树联"要求，实现了与国控平台联网。三是合理利用园区内暂时无法利用的土地建设多项惠民设施，打造生态湿地公园、健身公园、生态农场等生态景观区，利用垃圾电厂余热建设恒温泳池，免费向周边市民开放，将整个环境园构建成别具特色的环保主题市政公园。

（四）经济有效设计方面

惠州项目选用节能的建筑设备与产品，能耗指标达到国内行业先进水平，每年可向电网供电 1.24 亿 kWh，每年可节约标准煤（7 000 千卡/千克）量为 4.33 万吨，并且通过科学规划设计，将循环经济产业园内各项目所采用的工艺有机的连接起来，构成相辅相成的工艺链，厂内污水实现零排放，园区内形成资源循环再生利用的有机整体。

从整体来看，惠州市某综合处理项目总体生态设计水平达到了较高的水准，尽管直接投资运维费用相对较高且有部分设计需要加强和完善，但运用生态设计理念进行的系统严密的规划设计对于防范与化解"邻避"问题起到了至关重要的作用。当前该项目基本能够较为全面地满足预设指标体系相关要求，初步形成了垃圾焚烧厂生态设计的雏形，完成了理念和功能的转换，将垃圾焚烧厂从工业设施转变成提供良好生态产品和服务的绿色设施，值得行业学习和借鉴。

参考文献

1994 年 3 月 25 日国务院第 16 次常务会议讨论通过，1994. 中国 21 世纪议程——中国 21 世纪人口、环境与发展白皮书[M]. 北京：中国环境科学出版社.

曹峰，邵东珂，王展硕，2013. 重大工程项目社会稳定风险评估与社会支持度分析——基于某天然气输气管道重大工程的问卷调查[J]. 国家行政学院学报，（6）：91-95.

查尔斯·李，第一届全国有色人种环境领导人峰会论文集[C]. 179-200，208.

查尔斯·李，第一届全国有色人种环境领导人峰会论文集[C]. 4.

陈宝胜，2013. 国外邻避冲突研究的历史、现状与启示[J]. 安徽师范大学学报（人文社会科学版），41（2）：184-192.

陈宝胜，2013. 邻避冲突基本理论的反思与重构[J]. 西南民族大学学报：人文社会科学版，34（6）：81-88.

陈红霞，2016. 英美城市邻避危机管理中社会组织的作用及对我国的启示[J]. 中国行政管理，2：141-145.

陈焕焕，2017. 基于利益相关者理论的政府重大工程决策中的公众参与研究[D]. 广州：暨南大学.

陈润羊，花明，2018. 我国核电应对邻避效应的路径选择[J]. 南华大学学报（社会科学版），19（16）：7.

陈祥，2022. 日本环境问题与环境运动的内在逻辑关系[J]. 日本问题研究，36（1）：31-40.

程凯，2013. 社会转型期的纠纷解决研究[D]. 广州：华南理工大学.

邓国胜，2018. 新时代对环保社会组织的要求及建议[J]. 中华环境，Z1：64-65.

邓可祝，2014. 邻避设施选址立法问题研究——以邻避冲突的预防与解决为视角[J]. 法治研究，7：39-48.

邓勇，2011. 对建立健全公众参与意见反馈机制的思考[J]. 湖南人文科技学院学报，5：8-11.

冯琳，王华，庞玉亭，等，2018. 城市垃圾焚烧厂选址邻避冲突的对策探讨[J]. 环境保护，46（19）：49-51.

恭维斌，2015. 一起突发事件处置引发的应急管理治道变革——以吉化双苯厂爆炸事故为例[J]. 国家行政学院学报，（3）：5.

龚扬帆，2014. 预防性环境群体性纠纷的成因与解决途径浅论[J]. 绿色科技，6：210-213.

贵州省哲学学会，1985. 毛泽东哲学思想研究[M]. 贵阳：贵州人民出版社.

郭佳祥，2012. 日本环境保护政策的历史分析及对我国的启示[J]. 现代商业，8：84-85.

郭少青，2019. 环境邻避的冲突原理及其超越——以双重博弈结构为分析框架[J]. 城市规划，43（2）：109-118.

何艳玲，2009. "中国式"邻避冲突：基于事件的分析[J]. 开放时代，12：102-114.

何艳玲，2014. 对"别在我家后院"的制度化回应探析——城镇化中的"邻避冲突"与"环境正义"[J]. 人民论坛·学术前沿，（6）：56-61.

何艳玲，陈晓运，2012. 从"不怕"到"我怕"："一般人群"在邻避冲突中如何形成抗争动机[J]. 学术研究，（5）：55-63.

侯璐璐，刘云刚，2014. 公共设施选址的邻避效应及其公众参与模式研究——以广州市番禺区垃圾焚烧厂选址事件为例[J]. 城市规划学刊，（5）：112-118.

胡其颖，2005. 他山之石 可以攻玉——德国风力发电登顶剖析[J]. 太阳能，1：11-15.

金通，2007. 垃圾处理产业中的邻避现象探析[J]. 当代财经，（5）：3.

靳涛，2018. 政府公信力建设的现实困境与有效路径探析[J]. 太原理工大学学报（社会科学版），（36）：21-26.

蓝建中，2014 年 4 月 14 日. PX 输出量全球第一，日本如何保安全[N]. 新华每日电讯.

李欢欢，沈海滨，赵莹，等，2014. 环境保护与公众参与——培育引导环保社会组织参与环境事务的思考[J]. 世界环境，1：14-18.

李琳，刘海东，赵旭瑞，2018. 日本"邻避"项目环境保护公众参与制度对中国的启示[J]. 世界环境，6：40-43.

李小敏，胡象明，2015. 邻避现象原因新析：风险认知与公众信任的视角[J]. 中国行政管理，3：131-135.

李永展，1997. 邻避症候群之解析[J]. 都市与计划，24（1）：69-79.

李佐军，陈健鹏，杜倩倩，2016. 城镇化过程中邻避事件的特征、影响和对策——基于对全国 96 件典型邻避事件的分析[J]. 调查研究报告专刊，（42）.

刘泾，2018. 新媒体时代政府网络舆情治理模式创新研究[J]. 情报科学，36（12）：6.

刘小魏，姚德超，2014. 新公民参与运动背景下地方政府公共决策的困境与挑战——兼论"邻避"情绪及其治理[J]. 武汉大学学报，67（2）：42-47.

刘智勇，陈立，郭彦宏，2016. 重构公众风险认知：邻避冲突治理的一种途径[J]. 领导科学，32：29-31.

龙飞，2018. 多元化纠纷解决机制立法的定位与路径思考——以四个地方条例的比较为视角[J]. 华东政法大学学报，3：107-116.

陆新元，汪冬青，凌云，等，1994. 关于我国生态环境补偿收费政策的构想[J]. 环境科学研究，1：61-64.

陆益龙，2013. 环境纠纷、解决机制及居民行动策略的法社会学分析[J]. 学海，5：79-87.

毛泽东，1991. 毛泽东选集：第 1 卷[M]. 北京：人民出版社.

苗圩，2015. 打造新常态下工业升级版[J]. 电气时代，（2）：20-22.

彭小兵，邹晓韵，2017. 邻避效应向环境群体性事件演化的网络舆情传播机制——基于宁波镇海反 PX 事件的研究[J]. 情报杂志，36（4）：150-155.

任勇，俞海，冯东方，等，2006. 建立生态补偿机制的战略与政策框架[J]. 环境保护，34（19）：18-23.

沈丹洪，2016. 浅析新媒体环境下新闻自由对医患关系的影响[J]. 新闻传播，（3X）：3.

生态环境部部长黄润秋在 2022 年全国生态环境保护工作会议上的工作报告[EB/OL]. https://www.mee.gov.cn/ywdt/hjywnews/202201/t20220114_967163.shtml.

四东江，2016. 破解"邻避效应"实为社会治理改革[J]. 人民之声，12：6.

谈萧，付建萍，2021. 日本邻避运动中公众参与制度建设及对我国的启示[J]. 浙江海洋大学学报（人文科学版），38（5）：21-28.

谭爽，2014. 邻避项目社会稳定风险的生成与防范——以"彭泽核电站争议"事件为例[J]. 北京交通大学学报（社会科学版），13（4）：46-51.

谭爽，胡象明，2013. 邻避型社会稳定风险中风险认知的预测作用及其调控——以核电站为例[J]. 武汉大学学报（哲学社会科学版），（5）：75-81.

陶鹏，秦梦真，2019. 联盟属性差异与邻避设施风险感知——基于透镜模型的实证分析及政策意涵[J]. 华南师范大学学报（社会科学版），51（2）：117-124.

陶鹏，童星，2010. 邻避型群体性事件及其治理[J]. 南京社会科学，（8）：6.

王冰，韩金成，2017. 公共价值视阈下的中国邻避问题研究——一个整合性理论框架[J]. 中国行政管理，12：74-78.

王佃利，王铮，2018. 城市治理中邻避问题的公共价值失灵：问题缘起、分析框架和实践逻辑[J]. 学术研究，5：43-51.

王佃利，王铮，2019. 中国邻避治理的三重面向与逻辑转换：一种历时性的全景式分析[J]. 学术研究，（10）：63-70.

王红英，2006. 日本公害诉讼及其对我国的启示[J]. 热带生物学报，12（3）：74-77.

王婕，戴亦欣，刘志林，等，2019. 超越"自利"的邻避态度的形成及其治理路径[J]. 城市问题，2：81-88.

王伟，2012. 核电争议的日本宿命[J]. 社会观察，8：57-59.

王向民，许文超，2014. 制度缺失的理性行动：PX 事件中政府与民众博弈的"内卷化"现象[J]. 上海交通大学学报（哲学社会科学版），22（6）：43-52.

王洋，2018. 毛泽东认识论思想及其当代价值[D]. 郑州：郑州大学.

王雨薇，2018. 我国邻避冲突的多元治理现状及对策研究[D]. 青岛：青岛大学.

吴云清，翟国方，詹亮亮，2017. 城市邻避空间及其演变轨迹——以南京市殡葬邻避空间为例[J]. 人文地理，32（1）：68-72.

伍浩松，2004. 法国解决公众反核问题的措施[J]. 国外核新闻，12：2-5.

谢晓非，郑蕊，2003. 风险沟通与公众理性[J]. 心理科学进展，11（4）：375-381.

鄢德奎，2022. 邻避治理中的结构失衡与因应策略[J/OL]. 重庆大学学报（社会科学版），1-13. http://kns.cnki.net/kcms/detail/50.1023.c.20190116.0901.002.html.

杨祥召，2016. 生态补偿概念的理论辨析——历史考察与制度考量[J]. 法制博览，35：60-62.

张骞，2017. 污染型邻避设施规划建设中公众参与有效性及参与机制研究[D]. 重庆：重庆交通大学.

张文龙，2017. 中国式邻避困局的解决之道：基于法律供给侧视角[J]. 法律科学（西北政法大学学报），35（2）：20-33.

张向和，彭绪亚，2010. 基于邻避效应的垃圾处理场选址博弈研究[J]. 统计与决策，（20）：45-49.

张向和，彭绪亚，2010. 垃圾处理设施的邻避特征及其社会冲突的解决机制[J]. 求实，（S2）：182-185.

张向和，彭绪亚，刘峰，等，2011. 重庆市垃圾处理场的邻避效应分析[J]. 环境工程学报，5（6）：1363-1369.

张怡蝶，2015. 论新时期党对矛盾分析法的创新运用和发展[J]. 学理论，（17）：2.

赵岚，2018. 污染流向何处？—美国环境正义问题中的种族和阶层因素[J]. 南京林业大学学报（人文社会科学版），18（1）：58-73.

赵小燕，2013. 邻避冲突治理的困境及其化解途径[J]. 城市问题，11：74-78.

赵小燕，2014. 国外邻避冲突研究文献综述[J]. 湖北经济学院学报（人文社会科学版），11（2）：26-27.

赵志勇，朱礼华，2013. 环境邻避的经济学分析[J]. 社会科学，（10）：7.

郑卫，2011. 邻避设施规划之困境——上海磁悬浮事件的个案分析[J]. 城市规划，（2）：74-81.

中国，2018. 2017 年社会服务发展统计公报[M]. 北京：中国统计出版社.

中国环境文化促进会，2006. 2005 中国公众环保民生指数[R].

朱芒，2019. 公众参与的法律定位——以城市环境制度事例为考察的对象[J]. 行政法学研究，1：3-17.

朱阳光，杨洁，程媛媛，等，2018. 基于博弈视角的邻避效应利益冲突分析[J]. 现代城市研究，（4）：90-99.

Bullard R D. 1993. The legacy of American apartheid and environmental racism[J]. John's J. Legal Comment，9：445.

Bullard R D. 2018. Dumping in Dixie：race，class，and environmental quality[M]. Routledge.

Dyos H J. 1955. Railways and housing in Victorian London[J]. The Journal of Transport History，2：90-100.

Executive Order 12898 of February 11，1994—Federal Actions To Address Environmental Justice in Minority Populations and Low-Income Populations. Federal Register[EB/OL]. [2023-10-18]. https://www.archives.gov/files/federal-register/executive-orders/pdf/12898.pdf

Institute of Medicine（US）Committee on Environmental Justice. 1999. Toward environmental justice：research，education，and health policy needs[R].

Lerner S. 2012. Sacrifice zones：the front lines of toxic chemical exposure in the United States[M]. Mit Press.

Lundgren R E，McMakin A H. 2018. A handbook for communicating environmental，safety，and health risks[M]. China Media Publishing House Limited.

Morgan M G，Fischhoff B，Bostrom A，et al. Communicating risk to the public[J]. Environmental Science and Technology，1992，26（11）：2048.

O'Hare M，1977. Not on my block you don't：facility siting and the strategic importance of compensation[J]. Public Policy，25（4）：407-458.

Papanek V. 1972. Design for the Real World [M]. Thames and Hudson.

Portney，Kent E，1984. Allaying the nimby syndrome：the potential for compensation in hazardous waste treatment facility siting[J]. Hazardous Waste，1（3）：411-421.

Reusswig F，Braun F，Heger I，et al. 2016. Against the wind：Local opposition to the German Energiewende[J]. Utilities Policy，41：214-227.

Siddall W R. 1974. No nook secure：transportation and environmental quality[J]. Comparative Studies in Society and History，16（1）：2-23.

US General Accounting Office. 1983. Siting of hazardous waste landfills and their correlation with racial and economic status of surrounding communities[R].

Van der Ryn S，Cowan S. 2013. Ecological design[M]. Island Press.

Vittes M E，Iii P，Lilie S A.，1993. Factors contributing to nimby attitudes[J]. Waste Management，13（2）：125-129.